科技探索·第一视野

KEJI
TANSUO
DIYI
SHIYE

SIJI DE LAILI

王建 编著

四季的来历

最新鲜的百科知识
最酷炫的探秘信息
前所未有的想象力激发方式

ZUI XINXIAN DE BAIKE ZHISHI
ZUI KUXUAN DE TANMI XINXI
QIANSUOWEIYOU DE XIANGXIANGLI JIFA FANGSHI

中国出版集团
现代出版社

图书在版编目（CIP）数据

四季的来历 / 王建编著 . — 北京：
现代出版社，2012. 9（2024.1）
ISBN 978 – 7 – 5143 – 0716 – 0

Ⅰ. ①四… Ⅱ. ①王… Ⅲ. ①季节 – 青年读物②季节
– 少年读物 Ⅳ. ①P193 – 49

中国版本图书馆 CIP 数据核字（2012）第 203989 号

四季的来历

编　　著	王　建
责任编辑	张桂玲
出版发行	现代出版社
地　　址	北京市安定门外安华里 504 号
邮政编码	100011
电　　话	010 – 64267325　010 – 64245264（兼传真）
网　　址	www. 1980xd. com
电子信箱	xiandai@ vip. sina. com
印　　刷	三河市人民印务有限公司
开　　本	710mm × 1000mm　1/16
印　　张	14. 5
版　　次	2012 年 10 月第 1 版　2024 年 1 月第 9 次印刷
书　　号	ISBN 978 – 7 – 5143 – 0716 – 0
定　　价	59. 80 元

前言 PREFACE
四季的来历

四季是指一年中交替出现的四个季节，即春季、夏季、秋季和冬季。四季，被自然打造得井井有条：暖的春，热的夏，凉的秋，冷的冬。

当被冰雪封盖的山涧迎来了第一缕春风时，暖暖的阳光柔和地照在洁净的冰面上。冰随着春风的节奏开始融化，河水叮咚，悦耳清脆，好似唤醒大地母亲的铃声。这铃声不仅唤醒了大地母亲，也唤醒了她的孩子们。苏醒的万物自由自在地生长，无忧无虑地享受春的给予。

夏日的烈火炙烤着大地。春天的嫩芽早已变成浓绿的枝叶，远处山上的树木变得郁郁葱葱。整个大地，生机盎然而又充满了挑战。

夏季的酷热还未散去。荷叶也开始变得憔悴，焦黄的荷叶上，时而有一两只蜻蜓在上面驻足，水下胖胖的莲藕却在偷笑。橙黄的果实也挂满了枝头。秋季，是一个收获的季节。

秋风吹黄了最后一片树叶，它带着依依不舍的眷恋离开了。之后，便是那刺骨的寒风，枯黄的树叶随风飘落。紧接着，皑皑的雪花覆盖了整个大地。

四季，也许就是这样，是万物生长的一种历程。有了四季，就有了四时的变化，就有了生命的轮回。

在本书中，编者收集整理了大量资料，在书中会着重向读者介绍每个季节的特征与代表事物以及四季的变化规律。希望读者通过阅读这本《四季的来历》，更加热爱生活，用心去体会生活中的每一点变化。

CONTENTS 目录

四季的来历

SI JI DE LAI LI

明媚之春

晋乐府中用“阳春二三月，草与水同色”来描写春天，表明春天到来的时间及春天到来时的景象。

在中国，春季是指从立春到立夏的这段时间。在这段时间里，冰雪消融，河流上涨；春季植物开始发芽生长，鲜花开放；冬眠的动物逐渐苏醒，许多以卵过冬的动物孵化；鸟类开始迁徙，离开越冬地向繁殖地进发，因此中国也将春季称为“万物复苏”的季节。

对农民来说，春季更是播种的季节，他们在春季播种下希望，到了秋天就可以收获很多谷物，所以才会有“一年之计在于春”的农谚。

第一节　春季里的节气和养生

春季里的6个节气分别是：立春、雨水、惊蛰、春分、清明、谷雨。

◎立　春

“立”即开始的意思。每年阳历的2月4日或5日是立春。立春是二十四节气中的第一个节气，预示季节转换，标志严冬将尽、春天将临了。由于我国幅员辽阔、地势复杂，不但春临大地的时间有早有迟，春姑娘在各地停留的时间也有长有短：她从1月末、2月初的秋春相连的广州起步北上，2月中旬先是到达云南昆明、下旬越过云贵高原进入四川盆地，3月中旬到达湖北武汉、下旬越过河南郑州和山东济南，4月上旬抵达京津地区、中旬跨过山海关来到塞外沈阳、下旬经由长春到达哈尔滨，5月20日前后，才能光临我国最北的地方——漠河。

知识小链接

盆地

盆地，顾名思义，就像一个放在地上的大盆子，所以，人们就把四周高（山地或高原）、中部低（平原或丘陵）的盆状地形称为盆地。地球上最大的盆地在东非大陆中部，叫刚果盆地或扎伊尔盆地，面积约相当于加拿大国土面积的三分之一，这是非洲重要的农业区。盆地边缘有着丰富的矿产资源。

就全国主要农事而言，东北地区立春要顶凌耙地、送粪积肥，并做好牲畜防疫工作；华北平原要积极做好春耕准备并兴修水利；西北地区要为春小麦整地施肥；华南地区因为气温较高，此时已经展开了全面的春耕春种工作；西南地区要抓紧耕翻早稻秧田，做好选种、晒种以及夏收作物的田间管理。

立春是青少年易患病的敏感时期，特别是容易造成上呼吸道或下呼吸道的感染，如感冒、扁桃体炎、支气管炎、肺火等。如何预防这些疾病呢？其一，青少年是易感人群，因此要尽量不去公共场所，注意与感冒病人隔离；其二，春季气候多变，应注意保暖，切忌受寒；其三，注意居室空气的流通，适度开窗通气换气，必要时关闭门窗，用食醋熏蒸消毒空气；其四，注意饮食卫生，饮食要清淡，多喝水，不吃或少吃零食；其五，多参加体育锻炼，以增强体质；其六，如果患病一定去医院诊治。

◎雨　水

表示降水开始，雨量逐步增多。公历每年的 2 月 18 日前后为雨水。雨水有两层意思：一是由降雪转为降雨；二是自"雨水"起天气回暖，南方暖湿气流势力渐强，降水量增多。"雨水"过后，我国大部分地区气温已达到 0℃ 以上，黄淮平原日平均气温在 3℃ 左右，江南平均气温在 5℃ 上下，华南地区气温已超过 10℃，但华北平原气温仍在 0℃ 以下。在这样的气候背景下，黄淮平原及其以南地区开始降雨，华北平原有时仍会

拓展阅读

雨水成分

雨水的成分主要是水（化学成分 H_2O），有少量二氧化硫和二氧化氮，若过多则容易会形成酸雨。如遇雷雨，雨水中会含有少量的臭氧分子（因闪电造成），还有空气中原含有的各种各样的杂质和浮尘。

雪花纷飞。

在农事上，就大田来看，“雨水”前后油菜、冬麦普遍返青，对水分的需求相对较多。华北、西北以及黄淮地区这时的降水量一般较少，常不能满足农作物的需求。若早春少雨，“雨水”前后应及时进行春灌。淮河以南地区此时一般雨水较多，应做好农田清沟沥水工作，中耕除草，预防湿害烂根。华南双季早稻育秧工作已经开始，为防忽冷忽热、乍暖还寒的天气对秧苗的危害，应注意抓住“冷尾暖头”天气抢晴播种，力争一播全苗。西北高原山地仍处于干季，容易发生火灾。另外，寒潮入侵时可引起强降温和暴风雪，对老弱幼畜危害极大，这些要特别注意防范。

雨水节气常处在正月里当大家忙忙碌碌、欢欢喜喜过节时，要饮食有度、起居有常，争取健康、快乐、平安、祥和。在生活上，应改变过节时炸、煮、蒸一大堆食品，每天再“重新热”的习惯。食物要保持新鲜，慎防变质，患有慢性病的人，更应注意饮食的控制。例如：慢性胃炎患者，饮食不当更易造成胃黏膜损伤加重；慢性胆囊炎或胰腺炎患者，要减少脂肪的摄入；心脑血管病患者，饮食以清淡为主；痛风患者忌吃海鲜，忌饮酒。另外，还要注意饮食有节、细嚼慢咽、低糖低盐、戒烟限酒、讲究卫生等良好习惯。

◎惊　蛰

春雷乍动，惊醒了蛰伏在土壤中冬眠的动物。这时气温回升较快，渐有春雷萌动。每年公历的 3 月 5 日左右为惊蛰。惊蛰前后之所以会偶尔大雷，是因为大地温度渐渐升高，地面热气上升或者北上的湿热空气活动渐频繁。但我国南北跨度大，云南南部一般在 11 月份能听到雷声，在北京要次年 4 月下旬才能听到。

基本小知识

冬眠

冬眠也叫“冬蛰”。某些动物在冬季时生命活动处于极度降低的状态，这是这些动物对冬季外界不良环境条件（如食物缺少、寒冷）的一种适应。熊、蝙蝠、刺猬、极地松鼠、青蛙、蛇等都有冬眠习惯。

惊蛰代表着春耕的开始。华北冬小麦开始返青，急需水，一旦缺水就会减产，所以此时对冬小麦、豌豆等要及时浇水。此时土壤仍处于冻融交替状态，及时耙地是减少水分损失的重要措施。华南则应及时进行早稻播种，同时做好秧田防寒工作。

惊蛰时，天气忽冷忽热，湿度增大。当人体呼吸道防御功能下降时，极易受到病原体侵袭，易发生感冒，因此应少去通风不良的公告场所。出汗后立即擦干。膳食荤素搭配，多吃鸡蛋、鲜鱼、豆腐、蔬菜、水果等一些营养丰富的食物。

趣味点击

春分民俗

在每年的春分那一天，世界各地都会有数以千万计的人在做“竖蛋”试验。这一被称之为“中国习俗”的玩意儿，何以成为“世界游戏”，目前尚难考证。不过其玩法确简单易行且富有趣味：选择一个光滑匀称、刚生下四五天的新鲜鸡蛋，轻手轻脚地在桌子上把它竖起来。虽然失败者颇多，但成功者也不少。春分成了竖蛋游戏的最佳时机，故有“春分到，蛋儿俏”的说法。

◎春　分

“分”即平分的意思，表示昼夜长短相等。一般在每年公历的 3 月 20 日。春分后我国大部分地区平均气温上升到10℃，进入真正的春季。但天气回暖过程中，常因冷空气的侵入，使天气又回到寒冷状态，这种前春暖、后春寒的天气叫做“倒春寒”。

严重的倒春寒不仅造成棉花早稻等作物烂种烂秧和死苗，还影响油菜的开花授粉，降低产量。因此，一方面抗御旱灾仍是春分时节的重要农事活动，另一方面要加强冻害防御。常用的方法有选用抗寒种子，麦子播种深度合理，增施钾肥，灌水或喷雾等。

春分雨水多，物品容易发霉。气温、气压、气流、湿度等气象要素变化无常，所以常引起许多疾病的复发。要保持心胸开阔、情绪乐观，尽量避免烦恼生气。要注意保暖防寒，注意顺应气候变化来增减衣服，以达到保养人体阳气，防病保健功效。在睡眠方面，春天可晚睡早起，常到室外散步，呼吸新鲜空气。平时以小运动量的活动为宜。傍晚可以步行、跑步、打太极拳。

◎清　明

清明含有天气晴朗，空气清新明洁，气候逐渐转暖，草木繁茂之意。公历每年大约4月5日为清明。清明时节，我国大部分地区日平均气温升至12℃，冰河解冻，百花吐蕊，农人忙着播种。

北方春季播种玉米、高粱等作物，还应注意防御晚霜冻

趣味点击　清明节习俗

清明的习俗是丰富有趣的，古代有蒸清明果互赠、禁火、扫墓、踏青、荡秋千、蹴鞠、打马球、插柳等一系列风俗体育活动。相传这是因为清明节要寒食禁火，为了防止寒食冷餐伤身，所以大家来参加一些体育活动以锻炼身体。因此，这个节日中既有祭扫祖先坟冢的悲酸泪，又有踏青游玩的欢笑声，是一个富有特色的节日。

对小麦、水稻等的危害。南方多种植物进入展花期，为提高果收率，要进行人工辅助授粉。黄淮以南地区的小麦已拔节，要做好小麦后期的肥水管理和病虫害防治工作。清明时节雨纷纷，一方面充沛的雨水有利于农作物的生长，另一方面也要防御降水过多。

清明时节外出春游踏青需防花毒，注意防止劳累过度，还要注意防花粉过敏。随着气温的升高，有些人迅速脱下厚重的冬衣，但清明的天气乍暖还寒，气温波动大，早晚有些凉，冬衣脱得过早容易受凉感冒。

◎谷　雨

雨水增多，大大有利谷类作物的生长。公历每年 4 月 20 日前后为谷雨。谷雨已经是暮春时节，谷雨前后，天变暖，霜雪断，雨量也较前增多，是春作物播种出土的重要季节，高粱、谷子、玉米、红薯等早秋作物也开始种植。

此时，小麦要抓紧施肥，秧苗要追肥。对油菜进行一次叶面施肥，能促进种子肥大。各地应抓住适宜天气下种棉花、玉米、小麦等。谷雨对春茶的采制已进入旺季，宜抓紧进行。

谷雨处于春夏交接之际，许多地方风大沙多，对健康极为不

拓展阅读

谷雨茶

谷雨茶也就是雨前茶，是谷雨时节采制的春茶，又叫二春茶。春季温度适中，雨量充沛，上茶树经半年冬季的休养生息，春梢芽叶肥硕，色泽翠绿，叶质柔软，富含多种维生素和氨基酸。春茶滋味鲜活，香气怡人。谷雨茶除了嫩芽外，还有一芽一嫩叶的或一芽两嫩叶的：一芽一嫩叶的茶叶泡在水里像展开旌旗的古代的枪，被称为旗枪；一芽两嫩叶则像一个雀类的舌头，被称为雀舌；皆为一年之中的佳品。一般雨前茶价格比较经济实惠，水中造型好、口感上也不比明前茶逊色，因此大多的茶客通常都更追捧谷雨茶。

利。这时应避免在沙尘天气进行户外活动，外出或工作尽可能选择浮尘较轻的时段，并在外出时戴口罩或用纱巾裹住头。风沙大时要关闭居室的门窗，避免浮尘进入室内。注意饮食调理，多喝水，适当吃些具有清除肺部污染的食物。

第二节　春季里的节日和习俗

◎打　春

立春又俗称“打春”，这既是一个古老的节气，也是一个重大的节日。山西民间流行着春字歌：“春日春风动，春江春水流。春人饮春酒，春官鞭春牛。”讲的就是打春牛的盛况。古时候，立春时分，地方长官要率僚属、农民鞭春。阴阳官先要举行一定的传统仪规，地方官主持迎春仪程，初献爵、亚献爵、终献爵，然后执彩鞭击打（泥塑）春牛三匝，礼毕回署，众农民将春牛打烂。

现在，城里已不再举行鞭春活动，一些农村却仍有打春牛的风俗。立春前，用泥塑一牛，称为春牛。妇女们抱小孩绕春牛转三圈，旧说可以不患

拓展阅读

春　酒

春酒：即冻醪。是寒冬酿造，以备春天饮用的酒。据《诗·豳风·七月》记载，“十月获稻，为此春酒，以介眉寿”。宋代朱翼中在《酒经》写道，“抱瓮冬醪，言冬月酿酒，令人抱瓮速成而味薄”。杜牧在《寄内兄和州崔员外十二韵》中写道，“雨侵寒牖梦，梅引冻醪倾”。

疾病，今已成为娱乐。立春日，村里推选一位老者，用鞭子象征性地打春牛三下，意味着一年的农事开始。然后众村民将泥牛打烂，分土而回，撒在各自的农田。吕梁地区盛行用春牛土在门上写“宜春”二字。晋东南地区习惯用春牛土涂耕牛角，传说可以避免牛瘟。晋南地区讲究用春牛土涂灶，据说可以祛蚍蜉。

除此之外，民间艺人还制作许多小泥牛，也称为“春牛”，送往各家，谓之“送春”。女孩子剪彩为燕，称为“春鸡”；贴羽为蝶，称为“春蛾”；缠绒为杖，称为“春杆”，戴在头上，争奇斗艳。山西乡宁等地习惯用绢制作小娃娃，名为“春娃”，佩戴在孩童身上。晋北地区讲究缝小布袋，内装豆、谷等杂粮，挂在耕牛角上，取意六畜兴旺、五谷丰登、一年四季平安吉祥。立春时，民间主要习惯吃萝卜、姜、葱、面饼，称为“咬春”。运城地区新嫁女，娘家要接回，称为“迎春”。临汾地区则习惯请女婿吃春饼。

趣味点击

史上最早和最迟的春节

春节在公历1月21日至2月21日之间游动。立春则一般在2月4日或5日。“最早的春节”（如1966年的1月21日）和“最迟的春节”（如1985年的2月20日）相差整一个月。

根据历法计算，如果农历不进行人为调整的话，2319年2月21日将迎来“史上最晚春节”。此前春节最迟出现在公历2月20日，为1920年和1985年。

◎喜气洋洋过春节

相传，中国古时候有一种叫“年”的怪兽，头长触角，凶猛异常。“年”长年深居海底，每到除夕才爬上岸，吞食牲畜、伤害人命。因此，每到除夕这天，村村寨寨的人们扶老携幼逃往深山，以躲避“年”兽的伤害。

这年除夕，桃花村的人们

正扶老携幼上山避难，从村外来了个乞讨的老人，只见他手拄拐杖，臂搭袋囊，银须飘逸，目若朗星。乡亲们有的封窗锁门，有的收拾行装，有的牵牛赶羊，到处人喊马嘶，一片匆忙恐慌景象。这时，谁还有心关照这位乞讨的老人呢？

年　兽

只有村东头一位老婆婆给了老人些食物，并劝他快上山躲避“年”兽，那老人捋髯笑道：“婆婆若让我在家待一夜，我一定把‘年’兽撵走。”

老婆婆惊目细看，见他鹤发童颜、精神矍铄、气宇不凡。可她仍然继续劝说，乞讨老人笑而不语。婆婆无奈，只好撇下家，上山避难去了。

半夜时分，“年”兽闯进村。它发现村里气氛与往年不同：村东头老婆婆家，门贴大红纸，屋内灯火通明。“年”兽浑身一抖，怪叫了一声。“年”朝婆婆家怒视片刻，随即狂叫着扑过去。将近门口时，院内突然传来砰砰啪啪的炸响声，“年”浑身战栗，再不敢往前凑了。

原来，“年”最怕红色、火光和炸响。这时，婆婆的家门大开，只见院内一位身披红袍的老人在哈哈大笑。“年”大惊失色，狼狈逃窜了。

第二天是正月初一，避难回来的人们见村里安然无恙十分惊奇。这时，老婆婆才恍然大悟，赶忙向乡亲们诉说了乞讨老人的许诺。乡亲们一齐拥向老婆婆家，只见婆婆家门上贴着红纸，院里一堆未燃尽的竹子仍在啪啪作响，屋内几根红蜡烛还闪着余光……

欣喜若狂的乡亲们为庆贺吉祥的来临，纷纷换新衣戴新帽，到亲友家道喜问好。这件事很快在周围村里传开了，人们都知道了驱赶“年”兽的办法。

从此每年除夕，家家贴红对联，燃放爆竹；户户烛火通明，守更待岁。初一一大早，还要走亲串友道喜问好。这风俗越传越广，成了中国民间最隆重的传统节日。

春节早晨，开门大吉，先放爆竹，叫做“开门炮仗”。爆竹声后，碎红满地，灿若云锦，称为“满堂红”。这时满街瑞气，喜气洋洋。

春节里的一项重要活动，是到亲朋好友家和邻居那里祝贺新春，旧称拜年。汉族拜年之风，汉代已有。唐宋之后十分盛行，有些不必亲身前往的，可用名帖投贺。东汉时称为“刺”，故名片又称“名刺”。明代之后，许多人家在门口贴一个红纸袋，专收名帖，叫“门簿”。古时有拜年和贺年之分：拜年是向长辈叩岁；贺年是平辈相互道贺。现在，有些机关、团体、企业、学校，大家聚在一起相互祝贺，称之为“团拜”。随着时代的发展，拜年的习俗亦不断增添新的内容和形式。现在人们除了沿袭以往的拜年方式外，又兴起了礼仪电报拜年和电话拜年等。

旧时民间以进入新正初几日的天气阴晴来占本年年成。其说始于汉东方朔的《岁占》，谓岁后八日，一日为鸡日，二日为犬日，三日为猪日，四日为羊日，五日为牛日，六日为马日，七日为人日，八日为谷日。如果当日晴朗，则所主之物繁育；当日阴，所主之日不昌。后代沿其习，认为初一至初十，皆以天气清朗、无风无雪为吉。后代由占岁发展成一系列的祭祀、庆祝活动。有初一不杀鸡，初二不杀狗，初三不杀猪……初七不行刑的风俗。

俗传正月初一为扫帚生日，这一天不能动用扫帚，否则会扫走运气、破财，而把“扫帚星”引来，招致霉运。假使非要扫地不可，须从外头扫到里边。这一天也不能往外泼水倒垃圾，怕因此破财。今天许多地方还保存这一习俗，大年夜扫除干净，年初一不出扫帚，不倒垃圾，备一大桶，以盛废水，当日不外泼。

◎正月十五闹元宵

农历正月十五元宵节，又称为“上元节”，是中国民俗传统节日。正月是农历的元月，古人称其为“宵”，而十五日又是一年中第一个月圆之夜，所以称正月十五为元宵节，又称为小正月、元夕或灯节，是春节之后的第一个重要节日。中国幅员辽阔，历史悠久，所以元宵节的习俗在全国各地也不尽相同，其中猜灯谜、赏花灯、舞龙、舞狮子、吃元宵等是元宵节几项重要的民间习俗。

> **趣味点击　袁世凯与元宵**
>
> 传说，窃国大盗袁世凯篡夺了辛亥革命成果后，一心想复辟登基当皇帝，又怕人民反对，终日提心吊胆。一天，他听到街上卖元宵的人拉长了嗓子在喊：“元——宵。”觉得“元宵”两字谐音“袁消”，有袁世凯被消灭之嫌，联想到自己的命运，于是在1913年元宵节前，下令禁止称“元宵”，只能称“汤圆”或“粉果”。然而，“元宵”两字并没有因他的意志而取消，老百姓不买他的账，照样在民间流传。

“猜灯谜”又叫“打灯谜”，是元宵节后增的一项活动，灯谜最早是由谜语发展而来的，起源于春秋战国时期。它是一种富有讥谏、规诫、诙谐、笑谑的文艺游戏。谜语悬之于灯，供人猜射，则开始于南宋。《武林旧事·灯品》记载：“以绢灯剪写诗词，时寓讥笑，及画人物，藏头隐语，及旧京诨语，戏弄行人。”元宵佳节，帝城不夜，春宵赏灯之会，百姓杂陈，诗谜书于灯，映于烛，列于通衢，任人猜度，所以称为“灯谜”。如今每逢元宵节，各个地方都打出灯谜，希望今年能喜气洋洋的、平平安安的。因为谜语能启迪智慧又饶有兴趣，所以流传过程中深受社会各阶层的欢迎。

舞 龙

耍龙灯，也称舞龙灯或龙舞。它的起源可以追溯上古时代。传说，早在黄帝时期，在一种《清角》的大型歌舞中，就出现过由人扮演的龙头鸟身的形象，其后又编排了六条蛟龙互相穿插的舞蹈场面。见于文字记载的龙舞，是汉代张衡的《西京赋》，作者在百戏的铺叙中对龙舞作了生动的描绘。而据《隋书·音乐志》记载，隋炀帝时类似百戏中龙舞表演的《黄龙变》也非常精彩。龙舞流行于我国很多地方，中华民族崇尚龙，把龙作为吉祥的象征。

正月十五吃元宵。“元宵”作为食品，在我国也由来已久。宋代，民间即流行一种元宵节吃的新奇食品。这种食品，最早叫“浮元子”，后称“元宵”，生意人还美其名曰“元宝”。元宵即“汤圆”，以白糖、玫瑰、芝麻、豆沙、黄桂、核桃仁、果仁、枣泥等为馅，用糯米粉包成圆形，可荤可素，风味各异，可汤煮、油炸、蒸食，有团圆美满之意。陕西的汤圆不是包的，而是在糯米粉中“滚”成的，或煮食或油炸，寓意热热火火、团团圆圆。

◎庆祝三月三

农历三月初三古称上巳节。相传三月三是黄帝的诞辰，中国自古有“二月二，龙抬头；三月三，生轩辕”的说法。魏晋以后，上巳节改为三月三，后代沿袭，遂成汉族水边饮宴、郊外游春的节日。汉族有吃地（荠）菜煮鸡蛋的习俗。该日民间有流杯、流卵、流枣、乞子和戴柳圈、探春、踏青、吃清精饭以及歌会等活动。

过三月三，除了祭祀之外，后期陆续发展为河畔嬉戏、男女相会、插柳赏花等民俗活动。唐代大诗人杜甫写有“三月三日气象新，长安水边多丽人”的诗句。宋代欧阳修也在一首词中写道：“清明上巳西湖好，满目繁华。争道谁家，绿柳朱轮走钿车。游人日暮相将去，醒醉喧哗。”这些都说明，三月三的习俗，唐宋时期仍在盛行。同时这个节日也是男男女女出游踏青的日子，亦被称为中国的情人节、女儿节。

知识小链接

黄帝

轩辕黄帝为中华民族始祖，人文初祖，中国远古时期部落联盟首领。传说黄帝是少典氏之子，本姓公孙，长居姬水，因改姓姬，居轩辕之丘（在今河南新郑西北），故号轩辕氏，出生、创业和建都于有熊（今河南新郑），故亦称有熊氏，因有土德之瑞，故号黄帝。黄帝以首先统一中华民族的伟绩而载入史册。他播百谷草木，大力发展生产，始制衣冠，建造舟车，发明指南车，定算数，制音律，创医学，黄帝在位期间有了文字。黄帝居五帝之首，有嫘祖、嫫母等四位夫人。

◎清明节扫墓

清明节是我国传统节日，也是最重要的祭祀节日，是祭祖和扫墓的日子。扫墓俗称上坟，是祭祀死者的一种活动。汉族和一些少数民族大多都是在清明节扫墓。

按照旧的习俗，扫墓时，人们要携带酒食、果品、纸钱等物品到墓地，将食物供祭在亲人墓前，再将纸钱焚化，为坟墓培上新土，折几枝嫩绿的新枝插在坟上，然后叩头行礼祭拜，最后吃掉酒食回家。

基本小知识

筝

筝，又称古筝、秦筝，是一种中国传统弹弦乐器，有着悠久的历史，是中国传说乐器的一种。古筝音域宽广，音色清亮，表现力丰富，一直深受大众喜爱。筝是我国古老的弹拨乐器之一，流传至今已有两千多年的历史，故被俗称为“古筝”。筝在汉、晋以前设十二弦，后增至十三弦、十五弦、十六弦及二十一弦。

古筝名曲有《渔舟唱晚》、《高山流水》、《寒鸦戏水》、《汉宫秋月》、《蕉窗夜雨》等。

清明节，又叫踏青节，按阳历来说，它是在每年的4月4～6日之间，正是春光明媚、草木吐绿的时节，也正是人们春游（古代叫踏青）的好时候，所以古人有清明踏青，并开展一系列体育活动的习俗。古时扫墓，孩子们还常要放风筝。有的风筝上安有竹笛，经风一吹能发出响声，犹如筝的声音，据说风筝的名字也就是这么来的。

直到今天，清明节祭拜祖先、悼念已逝的亲人的习俗仍很盛行。

◎浴佛节

浴佛节又叫佛诞节，具体日期在农历四月初八，是纪念佛祖释迦牟尼诞辰的节日，也是佛教最为盛大的节日之一。在这一天，佛教寺院按惯例举行“浴佛法会”，拜佛祭祖。四月初八这天，各寺庙的僧尼举行上香点烛仪式后，将铜制佛像放入水中，让佛沐浴。浴佛时，普通信众则争舍钱财、念佛诵经，祈求佛祖保佑。善男信女在这日赴寺庙祈福，寺庙多举行斋会，饭菜有面条、蔬菜等素食，还有一种乌米饭，是用乌菜水泡米蒸出来的饭。

知识小链接

佛教

佛教是世界三大宗教之一，由据今天两千多年古印度的迦毗罗卫国（今尼泊尔境内）王子所创，他的名字是悉达多，他的姓是乔达摩。因为他属于释迦族，人们又称他为释迦牟尼，意思是释迦族的圣人。佛教广泛流传于亚洲的许多国家，西汉末年经丝绸之路传入我国。

各地还有借浴佛节拜观音求子的活动：神案前摆许多小泥娃娃，都是男孩，姿态各异。不育的妇女去拜观音和送子娘娘，讨一个泥娃娃，以红绳套住脖子，号称“拴娃娃”，认为这样就能怀孕生子。

◎祈蚕节

我国农耕文化是“男耕女织”，南方农村以蚕丝纺织，因而养蚕极为兴

祈蚕节

盛。古代把蚕视为“天物”，为了祈求天物的宽恕和有个好收成，人们在4月放蚕时节举行祈蚕节。

祈蚕节一般没有固定的日期，视各家在哪一天“放蚕”而定，但前后差不了二三天。南方有“蚕娘庙”、“蚕神庙”，如浙江的“蚕娘庙”就非常兴盛。这一天养蚕人家均到“蚕娘”、“蚕神”庙跪拜，供上酒、水果、丰盛的菜肴。特别要用面粉制成茧状，用稻草扎一把稻草山，将面粉制成的“面茧”放在其上，象征蚕的丰收。另外，还要在自己家的“蚕房”内点香烛、供物品，制“面茧上山”，供品除上述吃食外，还有茧圆、凉炒茧、盘香饼、桑葚。

基本小知识

蚕

蚕是蚕蛾的幼虫，蚕丝是丝绸原料的主要来源，在人类经济生活及文化历史上有重要地位。蚕原产中国北部，主食为桑叶，也可用鹅菜补充。茧是由一根长度为300~900米连续的丝织成的。家蚕的虫及蛹可以食用，并有食疗功效。成虫的蛾不能飞，它又被称为“蚕蛾”，只是用于产卵以繁殖后代。因为其久远的历史和经济上的重要性，家蚕的基因已成为现代科学的重要研究对象。

◎ 傣族的泼水节

> **趣味点击　孔明灯**
>
> 孔明灯又叫天灯，相传是由三国时的诸葛孔明（即诸葛亮）发明。当年，诸葛孔明被司马懿围困于平阳，无法派兵出城求救。孔明算准风向，制成会飘浮的纸灯笼，系上求救的讯息，其后果然脱险，于是后世就称这种灯笼为孔明灯。另一种说法则是这种灯笼的外形像诸葛孔明戴的帽子，因而得名。

泼水节是傣族最隆重的节日，也是云南少数民族节日中影响面最大、参加人数最多的节日。泼水节是傣族的新年，相当于公历的 4 月中旬，一般持续 3—7 天。

节日当天清晨，傣族男女老少穿上节日盛装，挑着清水，先到佛寺浴佛，然后就开始互相泼水，互祝吉祥、幸福、健康。人们一边翩翩起舞，一边呼喊“水！水！水”，鼓锣之声响彻云霄，祝福的水花到处飞溅，场面真是十分壮观。

泼水节期间，傣族青年喜欢到林间空地做丢包游戏。花包用漂亮的花布做成，内装棉纸、棉籽等，四角和中心缀以五条花穗，是爱情的信物。青年男女通过丢包、接包，互相结识。等姑娘有意识地让小伙子接不着输了，小伙子便将准备好的礼物送给姑娘，双双离开众人到僻静处谈情说爱去了。

泼水节期间还要进行划龙舟比赛，比赛在澜沧江上举行。一组组披红挂绿的龙舟在“噹噹噹”的锣声中和“嗨嗨嗨”的呼喊和哨子声中，劈波斩浪，奋勇向前，把成千上万的中外游客吸引到澜沧江边，为节日增添了许多紧张和欢乐的气氛。

“放高升”和孔明灯也是傣族地区特有的活动。人们在节前就搭好高射架，届

泼水节

时将自制的土火箭点燃，让它尖啸着飞上蓝天。高射飞得越高越远的寨子，人们越觉得光彩、吉祥，优胜者还将获奖。入夜，人们又在广场空地上将灯烛点燃，放到自制的大“气球”内，利用热空气的浮力，把一盏盏“孔明灯”放飞上天，以此来纪念古代的圣贤孔明，也就是诸葛亮。

此外，放河船、跳象脚鼓舞和孔雀舞、斗鸡等，也是泼水节期间的活动内容。近几年来，还增加了民俗考察、经贸洽谈等，使泼水节的活动更加丰富多彩。泼水节每年在西双版纳州和德宏州同时举行。西地均可从昆明乘飞机直接到达。1961 年 4 月 13 日，周恩来总理曾参加过西双版纳的泼水节。从此以后，泼水节的规模越来越大，每年都有数以万千的中外游客将过泼水节视为一生中最难忘的经历。

第三节　春季花朵盛开

◎水　仙

水仙为我国十大名花之一，我国民间的请供佳品。每过新年，人们都喜欢请供水仙，点缀作为年花，因水仙只用清水供养而不需土壤来培植。其根

水　仙

如银丝，纤尘不染；其叶碧绿葱翠传神；其花有如金盏银台，高雅绝俗，婀娜多姿，清秀美丽，洁白可爱，清香馥郁，且花期长。

关于水仙，至今流传着许多优美动人的民间故事和传说。传说水仙是尧帝的女儿娥皇、女英的化身。她们二人同嫁给舜，姐姐为后，妹妹为妃，三人感情甚好。舜在南巡驾崩，娥皇与女英双双殉情于湘江。上天怜悯二人的至情至爱，便将二人的魂魄化为江边水仙，她们也成为腊月水仙的花神。

在外国，水仙代表自恋。古希腊神话中，有一位美少男叫纳西塞斯，他容貌俊美非凡，见过他的少女，无不深深地爱上他。然而，纳西塞斯性格高傲，没有一位女子能得到他的爱。他只喜欢整天与友伴在山林间打猎，对于倾情于他的少女不屑一顾。一天，纳西塞斯在野外狩猎，逛着逛着，迎面而来的，是一个水清如镜的湖。纳西塞斯走过去，坐在湖边，看见一张完美的面孔，不禁惊为天人，纳西塞斯心想：

广角镜

水仙花毒性

水仙花为中国植物图谱数据库中收录的有毒植物，其毒性为全草有毒，鳞茎毒性较大。误食后有呕吐、腹痛、腹胀、脉搏频微、出冷汗、下痢、呼吸不规律、体温上升、昏睡、虚脱等症状，严重者可发生痉挛、麻痹而死。鳞茎的浸剂对豚鼠、兔和猫的子宫都有很强的兴奋作用，能使鸽子呕吐。小鼠腹腔注射水仙总生物碱会出现活动减少、不食，部分死亡的现象。

水仙的花、枝、叶都有毒，所以要谨防小孩子无意间的吞食。

这美人是谁呢？真漂亮啊！凝望了一会儿，他发觉，当他向水中的美人挥手，水中的美人也向他挥手；当他向水中的美人微笑，水中的美人也向他微笑；但当他伸手去触摸那美人，那美人便立刻消失了；当他把手缩回来，不一会儿，那美人又再出现，并深情款款地看着他，纳西塞斯当然不知道浮现湖面的其实就是自己的倒影。他竟然深深地爱上了自己的倒影。为了不愿失去湖中的人儿，他日夜守护在湖边，日子一天一天地过去，纳西塞斯还是不寝不食、不眠不休地待在湖边，甘心做他心中美人的守护神，最后，纳西塞斯因为迷恋自己的倒影，枯坐死在湖边。爱神怜惜纳西塞斯，就把他化成水仙，盛开在有水的地方，让他永远看着自己的倒影。

◎迎春花

迎春花又名金梅、金腰带、小黄花，是木樨科落叶灌木，因其在百花之中开花最早，花后即迎来百花齐放的春天而得名。迎春花不仅花色端庄秀丽、气质非凡，而且具有不畏寒威、不择风土、适应性强的特点，历来为人们所喜爱。因它早春时先开花后长叶，所以叫“迎春”。花黄色，花冠裂片有 5 ~ 6 片，每年 2—4 月开花。

民间流传迎春花这样一个故事：很早以前，地上一片洪

拓展阅读

迎春花和野迎春

迎春花和野迎春同属木樨科素馨属植物灌木，在中国有广泛的栽培；两者十分相似，但也有一定区别：

1. 迎春花为落叶灌木，先花后叶，盛花期无叶。野迎春为常绿灌木，花期有绿叶。

2. 迎春花的花筒长，野迎春的花筒短。

3. 西安一带的迎春花从 2 月末开至 3 月份，开花比同地区的梅花更早。而野迎春在西安一带的花期常为 4 月初，比迎春花晚一个月左右，明显晚于梅花。

迎春花

水，庄稼淹了，房子塌了，老百姓只好聚在山顶上。天地间混混沌沌，连春秋四季也分不清。那时候的帝王叫舜，舜叫大臣鲧带领人们治水，治了几年，水越来越大。鲧死了，他的儿子禹又挑起了治水的重担。禹带领人们察找水路的时候，在涂山遇到了一位姑娘，这姑娘给他们烧水做饭，帮他们指点水源。大禹感激这个姑娘，这姑娘也很喜欢禹，两人就成亲了。禹因为忙着治水，他们相聚了几天就分手了。自大禹走后，姑娘就每天立在山岭上张望。不管刮风下雨、天寒地冻，从来没走开。后来，草锥子穿透她的双脚，草籽儿在她身上发了芽、生了根，她还是手举荆藤张望。天长日久，姑娘就变成了一座石像，她的手和荆藤长在一起了，她的血浸着荆藤。不知过了多久，荆藤竟然变青、变嫩，发出了新的枝条。禹上前呼唤着心爱的姑娘，泪水落在大石像上，霎时间那荆藤竟开出了一朵朵金黄的小花儿。荆藤开花了，洪水消除了。大禹为了纪念姑娘的心意，就给这荆藤花儿起个名叫“迎春花”。

山茶花

◎山　茶

山茶花又名茶花，为山茶科山茶属植物。山茶花花姿丰盈，端庄高雅，为我国传统十大名花之一，也是我国重庆市的市花。

山茶也被称为“胜利花”，有一个传说：明末代皇帝崇祯手下的总兵吴三桂，镇守山海关。李自成领导的农民起义军攻陷北京，崇祯皇帝缢死煤山。吴三桂投降清军，并引进清军，镇压农民起义军，自己充当先锋，杀死明桂王，清封他为平西王，守云南。

知识小链接

山茶花栽培历史

山茶花原产中国。公元7世纪初，日本就从中国引种了山茶花，到15世纪初大量引种中国山茶花的品种。1739年英国首次引种中国山茶花，以后山茶花传入欧美各国。至今，美国、英国、日本、澳大利亚和意大利等国在山茶花的育种、繁殖和生产方面发展很快，已进入产业化生产的阶段，品种间种、间杂种和新品种不断上市。

中国栽培山茶花的历史悠久。自南朝开始已有山茶花的栽培。唐代山茶花作为珍贵花木栽培。到了宋代，栽培山茶花已十分盛行。南宋时温州的茶花被引种到杭州，发展很快。明代《花史》中对山茶花品种进行描写分类。到了清代，栽培山茶花更盛，茶花品种不断问世。1949年以来，中国山茶花的栽培水平有了一定的提高，品种的选育又有发展。目前中国山茶花品种已有300种以上。在浙江、福建和江苏等地已开始批量生产。目前，已成为花卉市场冬季主要的盆栽观赏花木。

吴三桂在云南，横行霸道，在五华山建宫殿，造阿香园，传旨云南各地献奇花异草。陆凉县境内普济寺有一株茶花，高二丈余，花呈九蕊十八瓣，浓香四溢，为天下珍品。陆凉县知县见到旨谕，使到普济寺，迫令寺旁居民挖茶树。村民不服，直到天黑也无人动手下锹。这天夜里，村中的一位德高望重的老人，看见一位美丽姑娘走来，手里拿着一枝盛开的茶花，对老人说：“村民爱我，培育我，我的花只向乡亲们开放，吴三桂别想看到我一眼。你们留我留不住，执意抗命会使百姓吃苦。还是让那知县送我去吧，我自有办法对付他们，定能胜利归来。”老人伸手去拉姑娘的手，一惊醒来，原来是一个梦。

第二天老人将梦情告诉村民，大家认为是茶花仙子托梦，就照她的意见办吧！知县令亲自押送村民将茶树送到吴三桂的阿香园，谁知茶树刚放下，便听哗的一声，茶树叶子全部脱光。茶花仙子来到吴三桂梦中唱道：“三桂三桂，休得沉醉；不怨花王，怨你昏愦。我本民女，不求富贵，只想回乡，度我穷岁。”吴三桂举起宝剑，向茶花仙子砍去。咔嚓一声，宝剑劈在九龙椅上，砍下一颗血淋淋的龙头。茶花仙子冷笑一声，又唱道：“灵魂贱卑，声名很臭。卖主求荣，狐群狗类！枉筑宫苑，血染王位。天怒人怨，必降祸祟。”吴三桂听罢，

拓展阅读

玉兰花花语

玉兰花代表着报恩。玉兰经常在一片绿意盎然中开出大轮的白色花朵，那芳郁的香味令人感受到一股难以言喻的气质，着实清新可人。玉兰花植株高大，开花位置较高，迎风摇曳，神采奕奕，宛若天女散花，非常可爱。

描写玉兰花的诗句有：

“绰约新妆玉有辉，素娥千队雪成围”；

“千千万蕊，不叶而花，当其盛时，可称玉树”；

“如此高花白于雪，年年偏是斗风开”；

“色白微碧，香味似兰”；

“紫粉笔尖含火焰，红胭脂染小莲花。

芳情相思知多少？恼得山僧悔出家！”

吓得一身冷汗，便找来一个圆梦的谋臣，询问吉凶。谋臣说："古人有言，福为祸所依，祸为福所伏。茶树贱种，入宫为祸，出宫为福。不如贬回原籍，脱祸为福。"吴三桂认为有理，便把茶树送回陆凉。从此云南的人们都称山茶为"胜利花"。

◎玉　　兰

玉兰，又名木兰、白玉兰、玉兰等。属落叶乔木，树高一般 2 ~5 米，最高可达 15 米。花白色，大型、芳香，先叶开放，花期 10 天左右。玉兰是中国著名的花木，北方早春重要的观花树木，上海市市花。玉兰花外形极像莲花，盛开时，花瓣展向四方，使庭院青白片片，白光耀眼，具有很高的观赏价值，再加上清香阵阵，沁人心脾，实为美化庭院之理想花。玉兰花代表着报恩。

玉　兰

民间有关于玉兰的传说：很久以前，在一处深山里住着三个姐妹，大姐叫红玉兰，二姐叫白玉兰，小妹叫黄玉兰。一天她们下山游玩，却发现村子里冷水秋烟，一片死寂。三姐妹十分惊异，向村子里的人问讯后得知，原来秦始皇赶山填海，杀死了龙虾公主，从此，龙王爷就跟张家界成了仇家，龙王锁了盐库，不让张家界人吃盐，终于导致了瘟疫发生，死了好多人。三姐妹十分同情他们，于是决定帮大家讨盐。然而这又何等容易？在遭到龙王多次拒绝以后，三姐妹只得从看守盐仓的蟹将军入手，用自己酿制的花香迷倒了蟹将军，趁机将盐仓凿穿，把所有的盐都浸入海水中。村子里的人得救了，三姐妹却被龙王变作花树。

后来，人们为了纪念她们，就将那种花树称作“玉兰花”，而她们酿造的花香也变成了她们自己的香味。故事很简单，也很唯美，却也反映了人们对美好事物的追求、对完美的向往。

◎海　棠

海棠花是我国的传统名花之一。海棠花姿潇洒，花开似锦，自古以来是雅俗共赏的名花，素有“国艳”之誉，历代文人墨客题咏不绝。海棠花开娇艳动人，一般的海棠花无香味，即使是海棠中的上品——西府海棠也是没有香味的，只是花开得比其他海棠花要艳。其花未开时，花蕾红艳，似胭脂点点，开后则渐变粉红，有如晓天明霞。西府海棠花形较大，4～7 朵成簇，朵朵向上。海棠的品种很多，也有些品种是其他季节开放的，如秋海棠。

花朵丰满的海棠也容易让人想到女子。据传，在很早以前，望京坨的深山老林里住着父女二

拓展阅读

海棠的营养价值

1. 生津止渴。海棠含有糖类、多种维生素及有机酸，可帮助补充人体的细胞内液，从而具有生津止渴的效果。

2. 健脾开胃。海棠果中维生素、有机酸含量较为丰富，能帮助胃肠对饮食物进行消化，故可用于治疗消化不良食积腹胀之症。

3. 涩肠止痢。海棠味甘微酸，甘能缓中，酸能收涩，具有收敛止泄、和中止痢之功用，能够治疗泄泻下痢、大便溏薄等病症。

4. 补充营养。海棠中蕴含着大量人体必需的营养物质，如糖类、多种维生素、有机酸等，可供给人体养分，提高机体免疫力。

海 棠

人，父亲叫马三河，女儿叫海棠。父女俩以打猎为生，相依为命。一天，年方二八的海棠姑娘跟随父亲在望京坨打猎，这里野兽繁多，忽见一只恶虎张着血盆大口，带着呼呼风声向马三河扑来。海棠姑娘为了救助父亲，挺身上前与虎相拼，无耐身单力薄，最终倒在了恶爪之下。山上砍柴、放羊、采药的乡亲们闻讯赶来，打跑了恶虎，抬着海棠姑娘，沿着这三十多里长的沟谷回村，一路上鲜血滴滴流淌。后来在洒满鲜血处开满了火红的山花。乡亲们为怀念舍身救父的海棠，将此花命名为海棠花。这条沟谷，也就改名叫海棠峪了。

◎牡 丹

牡丹为落叶亚灌木原产于中国西部秦岭和大巴山一带山区，

拓展阅读

牡丹的价值用途

牡丹有“花中之王”的美称。牡丹可在公园和风景区建立专类园；在古典园林和居民院落中筑花台养植；在园林绿地中自然式孤植、丛植或片植。牡丹对咽炎引起的咽痒、咽干、刺激性咳嗽等症效果良好。牡丹的茎、叶可以治疗血瘀病，花朵可供观赏，许多城市都可以见到它的身影。它的根可以入药，也可以叫它丹皮，入药后可以治疗高血压，除伏火，有清热散瘀，祛痛消肿等功效，对高血压有显著疗效。牡丹的花瓣可以食用，并且味道鲜美。

汉中是中国最早人工栽培牡丹的地方。喜凉恶热，宜燥惧湿，喜阴，亦少不耐阳。对土壤和气候的要求都比较高，所以牡丹素来矜贵。牡丹花期为4—5月。

牡 丹

牡丹的高贵不仅因为它的姿态和娇贵，还因为它与武则天的传说：武则天当了皇帝，有一年冬天，她到上苑饮酒赏雪，酒后在白绢上写了一首五言诗：明朝游上苑，火速报春知。花须连夜放，莫待晓风吹。写罢，她叫宫女拿到上苑焚烧，以报花神知晓，要百花为她而开放。诏令焚烧以后，吓坏了百花。第二天，除了牡丹外，其余花都开了。武则天见牡丹未开，大怒之下，一把火将上苑中众牡丹花烧为焦灰，并将别处牡丹连根拔出，贬出长安，扔至洛阳邙山。洛阳邙山沟壑交错，偏僻凄凉。武则天将牡丹扔到洛阳邙山，欲将牡丹绝种。谁知牡丹在百花仙子的帮助下长势良好，人们纷纷来此观赏牡丹，认为它有皇家般的气质。

◎樱 花

樱花是一种蔷薇科植物，落叶乔木，花于3月与叶同放或叶后开花。花每支三五朵，成伞状花序，萼片水平开展，花瓣先端有缺刻，呈白色、红色。核球形，初呈红色，后变紫褐色，为日本国花。

基本小知识

国花

国花是指以自己国内特别著名的花作为国家表征的花，代表着一个国家悠久的历史文明和灿烂的文化，象征着民族团结的精神和崇高的人格美德。设立国花为各国人民高度重视，反映了对祖国的热爱和浓郁的民族感情，并可增强民族凝聚力。

樱　花

日本把樱花定为国花，因为它是爱情与希望的象征。相传在很久以前，日本有位名叫“木花开耶姬”（意为樱花）的仙女。有一年 11 月，仙女从屋六岛出发，途经九州、关西、关东等地，在第二年 5 月到达北海道。沿途，她将一种象征爱情与希望的花朵撒遍每一个角落。为了纪念这位仙女，日本人将这种花命名为“樱花”，日本也因此成为“樱花之国”。

樱花热烈、纯洁、高尚。严冬过后是它最先把春天的气息带给日本人民，日本政府把每年的 3 月 15 日—4 月 15 日定为“樱花节（祭）”。在这个赏花季节，人们带上亲属，邀上友人，携酒带肴在樱花树下席地而坐，边赏樱、边畅饮，真是人生一大乐趣。樱花的生命很短暂。在日本有一民谚说“樱花 7 日”，就是一朵樱花从开放到凋谢大约为 7 天，整棵樱树从开花到全谢大约 16 天，形成樱花边开边落的特点，也正是这一特点才使樱花有这么大的魅力。樱花被尊为日本国花，不仅是因为它的妩媚娇艳，更重要的是它经历短暂的灿烂后随即凋谢的"壮烈"。日本人认为人生短暂，活着就要像樱花一样灿烂，即使死，也该果断离去。樱花凋落时，不污不染，很干脆，被认为代表了日本精神。

◎玫　　瑰

玫瑰，又被称为刺玫花、穿心玫瑰，蔷薇科蔷薇属灌木。作为农作物，其花朵主要用于提炼香精玫瑰油，是保加利亚的重要产品。玫瑰油要比等重量黄金价值高，应用于化妆品、食品、精细化工等工业。蔷薇科中三杰——玫瑰、月季和蔷薇，其实都是蔷薇属植物。在汉语中人们习惯把花朵直径大、单生的品种称为月季，小朵丛生的称为蔷薇，可提炼香精的称玫瑰。但在英语中它们均称为rose。

趣味点击　玫瑰花语

玫瑰：爱情、爱与美、容光焕发

玫瑰（红）：热情、热爱对方。

玫瑰（粉红）：感动、爱的宣言、铭记于心。

玫瑰（白）：天真、纯洁、尊敬。

玫瑰（黄）：不贞、嫉妒。

玫瑰（橙红）：初恋的心情。

玫瑰（蓝）：清纯的爱，敦厚善良。

玫瑰（绿）：纯真简朴，青春长驻。

关于玫瑰花名字的由来，《说文解字》有："玫，石之美者"，"瑰，珠圆好者"。就是说"玫"是玉石中最美的，"瑰"是珠宝中最美的，使后来玫瑰变成了花的名字，由于玫瑰茎上有刺，中国人形象地视之为"豪者"，并以"刺客"称之。但受国外影响，现在玫瑰就是爱情的代名词。相传爱神为了救她的情人，跑得太匆忙，玫瑰的刺划破了她的手脚，鲜血染红了玫瑰花。红玫瑰因此成了爱情的信物。

玫　瑰

古印度童话中说，玫瑰在印度享有殊荣，甚至法律中竟明文规定：凡向皇上呈献玫瑰者，有权向皇上恳请自己想要获得的一切。当时最高种姓婆罗门就用玫瑰来装饰自己的庙宇，在祭祀主神的大道上撒上鲜艳的玫瑰花。在皇帝寝宫的饰物中也少不了玫瑰的光彩，因而玫瑰是最受欢迎的贡花。

第四节　春季上市的水果

◎草　莓

草莓是对草莓属植物的通称，属多年生草本植物。草莓的外观呈心形，鲜美红嫩，果肉多汁，含有特殊的浓郁水果芳香。一般在 5 月中下旬开始采摘。

草　莓

草莓营养价值高，含丰富维生素 C，有帮助消化的功效。草莓还可以巩固齿龈，清新口气，润泽喉部。草莓中所含的胡萝卜素是合成维生素 A 的重要物质，具有明目养肝作用；草莓对胃肠道和贫血均有一定的滋补调理作用；草莓除可以预防坏血病外，对防治动脉硬化、冠心病也有较好的疗效；草莓是鞣酸含量丰富的植物，在体内可吸附和阻止致癌化学物质的吸收，具有防癌作用；草莓中含有天冬氨酸，可以自然平和地清除体内的重金属离子。草莓色泽鲜艳，果实柔软多汁，香味浓郁，甜酸适口，营养丰富，深受国内外消费者的喜爱。

知识小链接

鞣酸

鞣酸是由五倍子中得到的一种鞣质。为黄色或淡棕色轻质无晶性粉末或鳞片；有特异微臭，味极涩。溶于水及乙醇，易溶于甘油，几乎不溶于乙醚、氯仿或苯。其水溶液与铁盐溶液相遇变蓝黑色，加亚硫酸钠可延缓变色。在工业上，鞣酸被大量应用于鞣革与制造蓝墨水。鞣酸能使蛋白质凝固。人们把生猪皮、生牛皮用鞣酸进行化学处理，能使生皮中的可溶性蛋白质凝固。于是，本来放上几天就会发臭腐烂的生皮，变成了漂亮、干净、柔韧、经久耐用的皮革。这种制革工序，叫做皮革鞣制。

◎樱　桃

樱桃成熟期一般在五天月份。樱桃成熟时颜色鲜红，玲珑剔透，味美形娇，营养丰富，医疗保健价值颇高，有“含桃”的别称。我国作为果树栽培的樱桃有中国樱桃、甜樱桃、酸樱桃和毛樱桃。樱桃成熟期早，有“早春第一果”的美誉，号称“百果第一枝”。据说黄莺特别喜好啄食这种果子，因而又名为“莺桃”。

樱桃含铁量高，位于各种水果之首，能抗贫血，促进血液生成。民间经验表明，樱桃可以治疗烧烫伤，起到收敛止痛、防止伤处起泡化脓的作用。同时樱桃还能治疗轻、重度冻伤。樱桃营养丰富，所含蛋白质、糖、磷、胡萝卜素、维生素C等均比苹果、梨高，尤其含铁量高，常用樱桃汁涂擦面部及皱纹处，能使面部皮肤红润嫩白，去皱消斑。

樱 桃

◎梅 子

梅子成熟于春末夏初。梅果营养丰富，含有多种有机酸、维生素、黄酮和碱性矿物质等人体所必需的保健物质。其中含的苏氨酸等8种氨基酸和黄酮等极有利于人体蛋白质构成与代谢功能的正常进行，可防止心血管等疾病的产生，因此，被誉为保健食品。

果实鲜食者少，主要用于食品加工。其加工品有话梅、糖青梅、清口梅、梅汁、梅酱、梅干、绿梅丝、梅醋、梅酒等。梅子在医药上有多种用途。如咸梅有解热、防风寒的功效。乌梅干

拓展阅读

梅子食用量

梅子属碱性食品。与酸性食物搭配可以改善人体的酸碱值，达到健康养生之目的。吃多少梅子才能平衡酸碱值?

有一个简单方法供参考：身体重量除以13，即是每天应吃几颗梅子或喝多少梅酒、汁、醋的量。

例如，65公斤的人除以13等于5，则每天只要吃5颗梅子或50毫升的梅酒、梅汁就够了。

有治肺热久咳、虚热口渴、慢性腹泻、痢疾、胆道蛔虫、胆囊炎等功效。梅的花、叶、根、核仁等皆可入药。梅的木材坚韧而重、色泽美观，是优良的细木用材。

梅　子

有个关于梅子的成语典故，叫“望梅止渴”。三国时期，曹兵南下，行军途中，天气太热，无处找水，人人口干舌燥，渴不堪言。曹操即对众将士说，前边不远有梅林，将士们听说后，想起梅的酸味，口水禁不住淌了出来。也由此，“吴人谓梅子为曹公”，“望梅止渴”之成语亦由是而出。

◎枇　杷

枇杷秋冬开花，春末夏初果实成熟。它是我国南方特有的珍稀水果，承四时之雨露，为“果中独备四时之气者”。其果肉柔软多汁、酸甜适度、味道鲜

拓展阅读

枇杷栽培简史与花文化

枇杷树形整齐美观，叶大荫浓，四季常春，春萌新叶白毛茸茸，秋孕冬花，春实夏熟，在绿叶丛中，累累金丸，古人称其为佳实。宋代宋祁诗句：“有果实西蜀，作花凌早寒。树繁碧玉叶，柯叠黄金丸。土都不可寄，味咀独长叹。”是对枇杷树的花、叶、果的写实，非常确切。唐代羊士谔诗句：“珍树寒始花，氤氲九秋月。佳期若有待，芳意常无绝。鳎鳎碧海风，濛濛绿枝雪。急景有余妍，春禽自流悦。”描绘了枇杷树如亭亭玉立妙女，不与人争春，而在万花凋零，秋叶飘落和晚秋季节里，才开始孕育花蕾到寒冬开放，迎着雾雪，独显高洁，留下金丸。给人们留下深刻的印象。

美，被誉为“果中之皇”。

枇　杷

枇杷不但味道鲜美、营养丰富，而且有很高的保健价值。《本草纲目》记载“枇杷能润五脏，滋心肺”，中医传统认为，枇杷果有祛痰止咳、生津润肺、清热健胃之功效。而现代医学更证明，枇杷果中含有丰富的维生素、苦杏仁甙和白芦梨醇等防癌、抗癌物质。枇杷富含粗纤维及矿物元素。每 100 克枇杷肉中含 0.4 克蛋白质、6.6 克碳水化合物，并且含有维生素 B_1 和维生素 C，是很有效的减肥果品。中医理论认为，减肥应以健脾、利水、化痰为本，而枇杷具备了这些功效，故为很好的减肥果品。

拓展阅读

芒果食疗保健

1. 食用芒果具有清肠胃的功效，对于晕车、晕船有一定的止吐作用。

2. 抗癌。据现代食疗观点而言，芒果含有大量的维生素 A，因此具有防癌、抗癌的作用。

3. 美化肌肤。由于芒果中含有大量的维生素，因此经常食用芒果，可以起到滋润肌肤的作用。

4. 防治高血压、动脉硬化。芒果含有营养素及维生素 C、矿物质等，除了具有防癌的功效外，同时也具有防止动脉硬化及高血压的食疗作用。

5. 防治便秘。芒果中含有大量的纤维，可以促进排便，对于防治便秘具有一定的好处。

6. 杀菌。芒果叶的提取物能抑制化脓球菌、大肠杆菌、绿脓杆菌。同时还具有抑制流感病毒的作用。

◎芒　果

稍早的芒果成熟于春末。芒果果实呈肾脏形，主要品种有土芒果与外来的芒果。未成熟前，土芒果的果皮呈绿色，外来种呈

芒 果

暗紫色；土芒果成熟时果皮颜色不变，外来种则变成橘黄色或红色。芒果果肉多汁，味道香甜，土芒果种子大、纤维多，外来种不带纤维。

芒果营养丰富，食用芒果有具抗癌、美化肌肤、防止高血压、动脉硬化、防止便秘、止咳、清肠胃的功效。果实除鲜食外，还可加工成果汁、果酱、糖水果片、蜜饯、盐渍品等食品。此外，芒果叶的提取物还能抑制化脓球菌、大肠杆菌、绿脓杆菌，还具有抑制流感病毒的作用。

芒果为著名热带水果之一，又名檬果、莽果、闷果、蜜望、望果、庵波罗果等，因其果肉细腻、风味独特，深受人们喜爱，所以素有“热带果王”之誉称。

◎桑　葚

桑葚为桑树的成熟果实，又叫桑果、桑枣，成熟于 5 月或 6 月。农人喜欢摘其成熟的鲜果食用。其味甜汁多，是人们常食的水果之一。成熟的桑葚质油润，

拓展阅读

桑葚补血养颜

桑葚为桑科落叶乔木桑树的成熟果实，于果实红熟时采收，晒干或生用、或加蜜熬膏用。桑葚味甘、酸，性寒。能滋补肝肾、补血养颜、生津止渴。可用于肝肾阴亏、腰膝酸软、目暗耳鸣、关节不利、津亏血少、口渴烦热、肠燥便秘、等症。

现代药理研究证明，桑葚含有多种维生素，尤其是含有丰富的磷和铁，能益肾补血，使人面色红润，头发漆黑亮丽。若与黑豆、枣肉相配，还能提供使头发变黑的黑色素及供头发生长所需的蛋白质。

酸甜适口，以个儿大、肉厚、色紫红、糖分足者为佳。每年4—6月果实成熟时采收、洗净、去杂质、晒干或略蒸后晒干食用。

早在2000多年前，桑葚已是中国帝王御用的补品。因桑树特殊的生长环境使桑果具有天然生长，无任何污染的特点，所以桑葚又被称为“民间圣果”。现代研究证实，桑葚果实中含有丰富的活性蛋白、维生素、氨基酸、胡萝卜素、矿物质等成分，营养是苹果的5~6倍，是葡萄的4倍，具有多种功效，被医学界誉为“21世纪的最佳保健果品”。常吃桑葚能显著提高人体免疫力，具有延缓衰老、美容养颜的功效。

桑　葚

桑葚既可入食，又可入药，中医认为桑葚味甘酸，性微寒，入心、肝、肾经，为滋补强壮、养心益智佳果。具有补血滋阴、生津止渴、润肠燥等功效，主治阴血不足而致的头晕目眩、耳鸣心悸、烦躁失眠、腰膝酸软、须发早白、消渴口干、大便干结等症。

第五节　春季里美丽的景色

◎春季的西湖

西湖位于杭州的西面，因为它的美丽动人，使杭州赢得了“天堂”的美誉，再加上西湖四季的变化和古刹丛林及园林家的雕琢，吸引了不少诗人及画家在此吟诗作画，更吸引了无数游客到此观光游览。西湖四季的变化很有特色，春夏秋冬各有韵味，春天的西湖最是别具一格。

西　湖

每当寒冬一过，西湖犹如一位翩翩而来的报春使者，黄色的迎春花开了，微风吹过，那迎春花在岸边飞舞，好像在说“春天到了”。柳树和桃树发了芽，慢慢地长大了。当柳树的芽变得更绿时，已不再是芽了，它变成了柳叶，那长长的柳枝在微风中飘动，像无数春天的手在抚摸着大地。桃树也慢慢地开起了花，红色的桃花给绿色的西湖添加更多的色彩。沿着西湖畔漫步，桃柳相间，美丽无比，再加上桃花和柳树的微微清香，更是让人心旷神怡。

乘着小木船在湖中荡漾，微微的波澜推动小木船前行。两侧是波光潋滟，游船点点；远处是群山环抱，苍翠浓郁。亭台楼阁在山中朦朦胧胧，时隐时现。岸边的桃柳相间和山色空蒙，形成了一幅美丽而又

趣味点击

西湖十景

西湖十景：形成于南宋时期，基本围绕西湖分布，有的就位于湖上：苏堤春晓、曲院风荷、平湖秋月、断桥残雪、柳浪闻莺、花港观鱼、雷峰夕照、双峰插云、南屏晚钟、三潭印月。

西湖十景各擅其胜，组合在一起又能代表古代西湖胜景精华，所以无论杭州本地人还是外地山水客都津津乐道，先游为快。

西　湖

动人的图画。

每当人们在西湖游玩，都会有种心醉神驰的感觉，甚至怀疑自己是否进入了人间仙境，就像苏东坡写的诗一样：

水光潋滟晴方好，山色空蒙雨亦奇。

欲把西湖比西子，淡妆浓抹总相宜。

◎苏州香雪海

西　湖

香雪海是指成片的梅花林，因梅花不仅香而且像雪，所以苏州的这片梅林被叫做香雪海。

苏州光福诸峰连绵，重岭叠翠，四时有不谢之花，八节有常春之景。每当冬末春初，梅花凌寒开放，舒展冷艳的姿色，倾吐清雅的馨香，令人怡情陶醉。梅花在邓尉山一带，弥漫30余里，一眼望去，如海荡漾，若雪满地。清初江苏巡抚宋荦触景生情，题下千古绝名“香雪海”，其石刻今存吾家山崖壁。

光福种梅历史可追溯到秦末汉初，2000多年来，不仅经久不衰，而且还扩展到周边地区。明人姚希孟曾在《梅花杂咏》序中写道：“梅花之盛不得不推吴中，而必以光福诸山为最，若言其衍亘五六十里，窈无穷际”。可见，那时已“邓尉梅花甲天下”了。每年邓尉梅花开时，招邀无数游客，久而久之，“邓尉探梅”成为岁时风俗，每至花时，访寻春者络绎不绝。清

香雪海

康熙帝玄烨先后3次到邓尉探梅，乾隆帝弘历先后6次到邓尉探梅。两位皇帝在光福共写了19首诗，其中13首梅花诗，今已刻字成碑，陈列在香雪园中，供游人观赏。

如今，西崦湖滨吾家山仍是赏梅的最佳处，每年的“梅花节”都在此举办。这里除了梅花之外，还有十余方摩崖石刻和造型别致的梅花亭以及粉墙黛瓦的闻梅阁，“小屋数盈风料峭，古梅一树雪精神”。梅花是坚贞高洁、不畏强暴的象征。我国人民自古以来喜爱梅花，种梅、赏梅、画梅、咏梅，经常以梅花的高尚品格自勉自励、奋发图强，对梅花有着深厚的感情。

现有乾隆诗碑一座。诗碑旁是著名的梅花亭，出自近代吴中工匠、香山帮传人姚承祖之手。半山腰有闻梅馆，游人在此可品茗赏梅。山顶新建观梅亭一座。另有“华光万顷”，“客到无人管迎送，送迎唯有古梅花”，“琼枝疏影”，“幽姿冷妍”及宋荦诗等摩崖石刻和泉水“梅泉”。

拓展阅读

梅花亭

姚希孟（1579—1636）字孟长，号现闻，南直隶苏州府吴县（今属江苏）人。希孟十月，父亲就去世了，由寡母文氏一手抚养成人。母亲又对他寄寓了很大的希望。后来他和舅父文震孟一起念书，在当时都负有盛名。姚希孟于万历四十七年中进士，改庶吉士。他的老师刘一燝很器重他。天启年间，震孟也考入翰林，甥舅并执清议，名气更是远播四方，但是，姚希孟的仕途并不得志，他和舅父文震孟被崔呈秀作为献给魏忠贤的《天鉴录》列为东林党成员，遂削籍。后来，魏忠贤势败，他的党徒倪文焕害怕受到株连，就派人送厚礼以求得解脱，被希孟知道而报官，可见姚希孟是一个很正直也很率真的人。

香雪海除了初春赏梅外，每年 6 月中旬，大片木荷开放，是近年来的新景观。木荷被称为“森林卫士”，因其不燃烧，被世界各国用作防火林，又具有观赏价值。

香雪海

◎云南元阳梯田

梯田适合开在土质好、水源充足的向阳坡地，云南哀牢山地区属于海洋性亚热带气候，雨量充沛，那里的人们开垦了规模庞大、世界闻名的梯田。其中元阳的梯田比较有代表性，层层叠叠的梯田，天梯一样沿着山坡直上云天。特别是云雾天气多的季节，山坡上大片的梯田在云雾笼罩下，就像从人间登上天堂的天梯，非常壮观美丽。

海拔 2500 米的云南哀牢山区平地极少，到处是浓绿的原始森林覆盖的山区。这里世代居住着哈尼族为主的山地居民。2500 年前，哈尼族的祖先从西藏高原来到云南南部这个边陲山区，初来乍到就遇到了一大难题：周围的山谷根本不适宜

你知道吗

哀牢山红河哈尼梯田

蒸腾的云雾，渺渺的山岚，婆娑的树影，是哈尼梯田带给人的震撼和感动。两千年多前氐羌迁至山区，自然给了他们居所，但带来了野兽的危险。远离中原的民族在强大的毅力下走上了农耕文明，汲取自然，滋养历史。梯田成了他们民族的文化精神寄托。水是梯田的精魂，水滋养了哈尼民族有福同享有难同当的山寨精神。

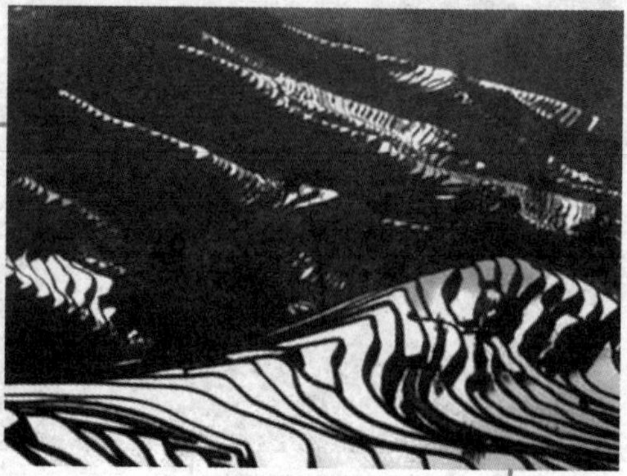

元阳梯田

种植。哈尼族人以顽强的民族性格与大自然搏斗，用石块砌起围墙，围住新开垦的农田，还引来山泉灌溉，并在水雾缭绕的梯田中种植稻谷。

14 世纪的明朝时期，这种把崎岖山地开垦成良田的技术传遍了中国和东南亚。哈尼人把哀牢山这一带的山区变成了一幅幅“艺术品”，于是明朝皇帝给哈尼族人赐名“山岳神雕手”，这一美名世代相传下来。

二三月间到元阳，从县城沿公路一路走来，但见水平如镜的梯田从座座山头层层延展下来，交汇成万顷良田，在阳光和云雾的交替变幻中，气象万千，壮阔无比。时见身着色彩亮丽民族服饰的哈尼族、彝族男女，或挥锄修整田埂，或驱牛犁田，让人生出无限敬意。

梯　田

春天的二三月，可谓是欣赏云南元阳梯田的最佳时节，迷人的云海云雾每天都会不期而至，灿烂的朝霞与夕阳将层层梯田装点掩映得多姿多彩、扑朔迷离、缥缈神奇。阳光、云雾与梯田的有机融合，令一幅幅如诗如画的风光佳作浮现在你的眼前。元阳地处云南省哀牢山南部，位于红河

梯　田

哈尼族彝族自治州，距昆明300千米。该县的梯田都修筑在崇山峻岭中，面积达17万多亩，其中梯田最高级数达3000级，其气势磅礴，加之以当地特有的云海，使元阳成为各地摄影发烧友选景拍摄的热门地方。每年10月至次年4月是梯田的灌水期，届时山中处处波光粼粼，特别在春季；当晨光穿破云层直泻梯田的时候，更蔚为壮观，美景尽眼可收，让人叹为观止。

基本小知识

杜甫

杜甫（712—770），字子美，自号少陵野老，巩县（今河南巩义）人。杜甫曾祖父（杜审言父亲）起由襄阳（今属湖北）迁居巩县（今河南巩义）。盛唐时期伟大的现实主义诗人。他忧国忧民，人格高尚，他的约1500首诗歌被保留了下来，诗艺精湛，他在中国古典诗歌中的影响非常深远，被后世尊称为“诗圣”，他的诗也被称为“诗史”。杜甫与李白合称“李杜”，为了与另两位诗人李商隐与杜牧即“小李杜”区别，杜甫与李白又合称“大李杜”。

第六节　古代诗词里的“春”

春夜喜雨

杜甫

好雨知时节，当春乃发生。
随风潜入夜，润物细无声。
野径云俱黑，江船火独明。
晓看红湿处，花重锦官城。

【注解】

好雨：指春雨，及时的雨。

乃：就。

发生：催发植物生长，萌发生长。

潜：暗暗地，静悄悄地。

润物：雨水滋养植物。

野径：田野间小路。

俱：全，都。

江船：江面上的渔船。

独：独自，只有。

晓：早晨。

红湿处：指有带雨水的红花的地方。

花重：花沾上雨水变得沉重。

锦官城：故址在今成都市南，亦称锦城。三国蜀汉管理织锦之官驻此，故名。后人又用作成都的别称，也代指成都。

【赏析】

公元761年（唐肃宗上元二年）春天，杜甫在成都浣花溪畔的草堂写下了这首诗。此时杜甫因陕西旱灾来到四川定居成都已2年。他亲自耕作，种菜养花，与农民交往，因而对春雨之情很深，写下了这首诗描写春夜降雨、润泽万物的美景，抒发了诗人的喜悦之情。

渔歌子

张志和

西塞山前白鹭飞，桃花流水鳜鱼肥。

青箬笠，绿蓑衣，斜风细雨不须归。

知识小链接

张志和

张志和（730—81），字子同，初名龟龄，婺州（今浙江金华）人，自号“烟波钓徒”，又号“玄真子”。唐代著名道士、词人和诗人。十六岁参加科举，以明经擢第，授左金吾卫录事参军，唐肃宗赐名为“志和”。因事获罪贬南浦尉，不久赦还。自此看破红尘，浪迹江湖，隐居祁门赤山镇。其兄张鹤龄担心他遁世不归，在越州（今绍兴市）城东筑茅屋让他居住。史载唐肃宗曾赐他奴婢各一人，张志和让他们结婚，取名渔童和樵青。著有《玄真子》集。

【注解】

渔歌子：词牌名。此调原为唐教坊名曲。分单调、双调二体。单调二十七字，平韵，以张氏此调最为著名。双调，五十字，仄韵。《渔歌子》又名“渔父”或“渔父乐”，本源大概是民间的渔歌。

西塞山：在今浙江省湖州市西面。

白鹭：一种白色的水鸟。

桃花流水：桃花盛开的季节正是春水盛涨的时候，俗称桃花汛或桃花水。

鳜（guì）鱼：淡水鱼，江南又称桂鱼，肉质鲜美。

箬（ruò）笠：竹叶或竹篾做的斗笠。

蓑（suō）衣：用草或棕编制成的雨衣。

不须：不需要。

【赏析】

这首词描写了江南水乡春汛时期捕鱼的情景。有鲜明的山光水色，有渔翁的形象，是一幅用诗写的山水画。

滁州西涧

韦应物

独怜幽草涧边生，上有黄鹂深树鸣。

春潮带雨晚来急，野渡无人舟自横。

【注解】

滁州：今安徽滁州市（1982 年撤县建市），诗人曾任州刺史。

西涧：滁州城西郊的一条小溪，有人称上马河。

独怜：最爱，只爱。

春潮：春雨。

野渡：荒郊野外无人管理的渡口。

横：指顺水流方向飘浮。

基本小知识

韦应物

韦应物（737—792），中国唐代诗人。长安（今陕西西安）人。今传有十卷本《韦江州集》、两卷本《韦苏州诗集》、十卷本《韦苏州集》。散文仅存一篇。因做过苏州刺史，世称“韦苏州”。诗风恬淡高远，以善于写景和描写隐逸生活著称。

【赏析】

《滁州西涧》是一首著名的山水诗，是唐代诗人韦应物最负盛名的写景佳作。此时为作者任滁州刺史时所作，作者游览至滁州西涧，写下了这首诗情浓郁的小诗。诗里写的虽然是平常的景物，但经诗人的点染，却成了一幅意境幽深的有韵之画。首二句写春景，爱幽草而轻黄鹂，以喻乐守节，而嫉高媚；后二句写带雨春潮之急和水急舟横的景象，蕴含一种不在其位、不得其用的无可奈何之忧伤。

清明

杜牧

清明时节雨纷纷，路上行人欲断魂。

借问酒家何处有？牧童遥指杏花村。

知识小链接

杜牧

杜牧（公元 803—约 852 年），字牧之，号樊川居士，京兆万年（今陕西西安）人，唐代诗人。杜牧人称“小杜”，以别于杜甫。与李商隐并称“小李杜”。因晚年居长安南樊川别墅，故后世称“杜樊川”，著有《樊川文集》。

【注解】

纷纷：形容多。

断魂：形容十分伤心悲哀。

杏花村：杏花深处的村庄。今在安徽贵池秀山门外。受本诗影响，后人多用“杏花村”作酒店名。

【赏析】

清明节，传统有与亲友结伴踏青、祭祖扫墓的习俗。可是诗中的“行人”却独自在他乡的旅途上，心中的感受是很孤独、凄凉的，再加上春雨绵绵不绝，更增添了“行人”莫名的烦乱和惆怅，情绪低落到似乎不可自持。然而“行人”不甘沉湎在孤苦忧愁之中，赶快打听哪儿有喝酒的地方，让自己能置身于人和酒的热流之中。于是，春雨中的牧童便指点出那远处的一片杏花林。诗歌的结句使人感到悠远而诗意又显得非常清新、明快。

元日

王安石

爆竹声中一岁除，春风送暖入屠苏。

千门万户曈曈日，总把新桃换旧符。

知识小链接

王安石

王安石（1021—1086），字介甫，号半山，谥文，封荆国公。世人又称王荆公。北宋抚州临川人（今江西省东乡县上池村人），中国历史上杰出的政治家、思想家、文学家、改革家，唐宋八大家之一。欧阳修称赞王安石：“翰林风月三千首，吏部文章二百年。老去自怜心尚在，后来谁与子争先。”有《王临川集》、《临川集拾遗》等存世。其亦擅长诗词，流传最著名的莫过于《泊船瓜洲》里：“春风又绿江南岸，明月何时照我还？”

【注解】

元日：阴历正月初一。

屠苏：美酒名。

曈曈：形容太阳刚出的样子。

桃：桃符。古时习俗，元旦用桃木写神荼、郁垒二神名，悬挂门旁，以为能压邪。

【赏析】

在劈劈啪啪的爆竹声中，送走了旧年迎来了新年。人们饮美味的屠苏酒时，又有暖和的春风扑面而来，好不惬意！天刚亮时，家家户户都取下了旧桃符，换上新桃符，迎接新春。

全诗文笔轻快，色调明朗，眼前景与心中情水乳交融，确是一首融情入景、寓意深刻的好诗。

青玉案·元夕

辛弃疾

东风夜放花千树，更吹落、星如雨。宝马雕车香满路，凤箫声动，玉壶光转，一夜鱼龙舞。　蛾儿雪柳黄金缕，笑语盈盈暗香去。众里寻他千百度，蓦然回首，那人却在，灯火阑珊处。

基本小知识

辛弃疾

辛弃疾（1140—1207）南宋著名词人。原字坦夫，后改字幼安，别号稼轩，历城（今山东济南）人。出生时，中原已为金兵所占。二十一岁参加抗金义军，不久归南宋。历任湖北、江西、湖南、福建、浙东安抚使等职。一生力主抗金。曾上《美芹十论》与《九议》，条陈战守之策，显示其卓越军事才能与爱国热忱。其词抒写力图恢复国家统一的爱国热情，倾诉壮志难酬的悲愤，对当时执政者的屈辱求和颇多谴责；也有不少吟咏祖国河山的作品。题材广阔又善化用前人典故入词，风格沉雄豪迈又不乏细腻柔媚之处。作品集有《稼轩长短句》，今人辑有《辛稼轩诗文钞存》。

【注解】

青玉案：词牌名。

花千树：形容灯火之多，如千树繁花齐开。

宝马雕车：指观灯的贵族豪门的华丽车马。

凤箫：《神仙传》载，秦穆公之女弄玉，善吹箫作凤鸣声，引来了凤。故称箫为凤箫。

玉壶：比喻月亮。

蛾儿雪柳：元宵节妇女头上戴的装饰物。

阑珊：零落。

青玉案·元夕

【赏析】

作者在元夕这天晚上出去，看着街上繁华的景物，东风轻吹，天上的星星多得数不清。街上贵人骑着的马，还有各式各样的精工雕刻的马车，香味弥漫了整条街，悠扬的箫声也在街上传着，阁楼上酌酒以乐。一夜街上，无论平民还是贵人都出来游玩。突然作者看到一个美人，轻裳罗步，美丽无比。轻笑着走到别的地方去。作者连忙举目寻找，但是看了很多地方却都找不到，然而在一转眼却看见了她就在一处灯火暗淡的地方。

第七节　描写春季的现代散文

春

朱自清

盼望着，盼望着，东风来了，春天的脚步近了。

一切都像刚睡醒的样子，欣欣然张开了眼。山朗润起来了，水涨起来了，太阳的脸红起来了。

小草偷偷地从土里钻出来，嫩嫩的，绿绿的。园子里，田野里，瞧去，一大片一大片满是的。坐着，躺着，打两个滚，踢几脚球，赛几趟跑，捉几回迷藏。风轻悄悄的，草绵软软的。

桃树、杏树、梨树，你不让我，我不让你，都开满了花赶趟儿。红的像火，粉的像霞，白的像雪。花里带着甜味；闭了眼，树上仿佛已经满是桃儿、杏儿、梨儿。花下成千成百的蜜蜂嗡嗡地闹着，大小的蝴蝶飞来飞去。野花遍地是：杂样儿，有名字的，没名字的，散在花丛里像眼睛，像星星，还眨呀眨的。

"吹面不寒杨柳风"，不错的，像母亲的手抚摸着你。风里带来些新翻的泥土的气息，混着青草味，还有各种花的香，都在微微润湿的空气里酝酿。鸟儿将巢安在繁花嫩叶当中，高兴起来了，呼朋引伴地卖弄清脆的喉咙，唱出宛转的曲子，跟轻风流水应和着。牛背上牧童的短笛，这时候也成天嘹亮地响着。

基本小知识

朱自清

朱自清（1898—1948），原名自华，号秋实，改名自清，字佩弦；原籍浙江绍兴，生于江苏东海；现代著名散文家、诗人、学者、民主战士；其散文朴素缜密，清隽沉郁、语言洗练，文笔清丽，极富有真情实感，朱自清以独特的美文艺术风格，为中国现代散文增添了瑰丽的色彩，为建立中国现代散文全新的审美特征创造了具有中国民族特色的散文体制和风格；主要作品有《雪朝》、《踪迹》、《背影》、《春》、《欧游杂记》、《你我》、《精读指导举隅》、《略读指导举隅》、《国文教学》、《诗言志辨》、《新诗杂话》、《标准与尺度》、《论雅俗共赏》。

雨是最寻常的，一下就是三两天。可别恼。看，像牛毛，像花针，像细丝，密密地斜织着，人家屋顶上全笼着一层薄烟。树叶却绿得发亮，小草也青得逼你的眼。傍晚时候，上灯了，一点点黄晕的光，烘托出一片安静而和平的夜。在乡下，小路上，石桥边，撑起伞慢慢走着的人，地里还有工作的农民，披着蓑戴着笠。他们的房屋，稀稀疏疏的，在雨里静默着。

天上风筝渐渐多了，地上孩子也多了。城里乡下，家家户户，老老小小，也赶趟儿似的，一个个都出来了。舒活舒活筋骨，抖擞抖擞精神，各做各的一份事去。“一年之计在于春”，刚起头儿，有的是工夫，有的是希望。

春天像刚落地的娃娃，从头到脚都是新的，它生长着。

春天像小姑娘，花枝招展的，笑着，走着。

春天像健壮的青年，有铁一般的胳膊和腰脚，他领着我们向前去。

这篇文章侧重于写春天的那种朝气蓬勃的精神。小草开始奋力的生长，花儿树木争相繁盛，春雨也滋润着大地，冲刷走旧的尘土，带来新的气象，给予大地更多养分来繁殖繁荣。而人们在这春的季节里也开始一年的生计。正如作者在文章中所说，我们“有的是工夫，有的是希望”，在一年的开始，让我们精神抖擞地走向明天吧！

春颂（节选）

茹志娟

不知别人怎么样，我对春的认识，有一个相当长的过程。最早，还在儿童时代，什么春不春，好像和自己关系不大，也就很不够尊重。印象深刻的倒是过春节，不过，重视的是“节”，也不是“春”。记得的内容，只一个字，就是“吃”。什么团团圆圆的汤圆，年年高升的年糕，吃剩还应有余（鱼）的年夜饭，什么元宝茶、寸金糖等等。因为当时都是看人家吃的，所以印象也就特别深刻。到了稍大以后，在部队里，在战斗环境中，对春有了进一步的了解，觉得吃和春的关系稍远了点，感觉最深的，倒是她的气温。特别是在夜行军的时候，迎面刮来的风，不是那么凛冽刺骨了，可以感觉到自己身上是穿了棉衣的了。再大一点，除了她的温和之外，还感觉到了她带来的那股馨香，在天空中，在土地上，都可以闻到她的气息。再后来，更懂事了一点，我觉得人们如此热烈地欢迎春，总有它较深的含义。除了她是一年之首，大家都巴望有个良好的开端之外，恐怕还有一层意思，那就是在经历了冰封雪冻的严寒之后，对温暖，对绿色，对缤纷的色彩，对灿烂的阳光的无限期望。但是，春寒料峭，她的外魔上总还带着一股冷气，有时会给人以失望。不过，再细想想，这不是春的意愿。她刚来的时候，冬还控制着大地。人们不应该忘记，就在那朔风怒号，雪花也吓得乱飞乱窜的时候，她却勇敢地，坚定不移地走来了。是她最先和严冬开始了搏斗。在搏斗中，她丧失了她自己身上原来的一点暖意，有时也煞白了脸，用冰凌装饰了她的前额，凛凛然，不可亲。我理解，这不是她，这是冬的阴影。冬隐匿在她的笑靥里，躲藏在她飘逸的长袖中，冷笑着，吹着肃杀的风，等待人们对春的失望。然而人们信赖她，欢迎她，因为她从前这样，现在也这样，年年都这样忘我地、艰巨地、暗暗地把热闹而丰盛的夏背负过来。当夏站起身，睁开眼的时候，于是她就在大地上只留下她的光，她的影，她培育的嫩芽新枝，然后悄悄离开。但等明年数九寒天，滴水成冰的时候再来。

知识小链接

茹志鹃

茹志鹃为当代著名女作家。她的创作以短篇小说见长。笔调清新、俊逸，情节单纯明快，细节丰富传神。善于从较小的角度去反映时代本质。曾用笔名阿如、初旭。她祖籍浙江杭州。1925 年 9 月生于上海。家庭贫困，幼年丧母失父，靠祖母做手工换钱过活。11 岁以后才断断续续在一些教会学校、补习学校念书，初中毕业于浙江武康县武康中学。1943 年随兄参加新四军，先在苏中公学读书，以后一直在部队文工团工作，任过演员、组长、分队长、创作组组长等职。1947 年加入中国共产党。1955 年从南京军区转业到上海，在《文艺月报》做编辑。

春为一年之首，除了命运的安排，实在也只有她堪称一年之首，不愧为一年之首，人们爱她，原因也在这里。她快快活活地把自己斗争得来的伟业过渡给夏。当然，有时也难免有点缠绵，给人间落下一点贵如油的春雨，及时地把暖和过来的世界交给了夏。

不知别人怎么样，我是这样理解，称颂春的。

这篇散文以作者对春的认识的变化为中心，写出了对春的感受，从年幼时春节带来的过节气氛，到长大后理解到春代表的精神。春对于我们来说，不仅是吃汤圆、放爆竹，更是赶走寒冬，迎来新的生命、新的世界，为新的一整年做好铺垫。

春之怀古

张晓风

春天必然曾经是这样的，从绿意内敛的山头，一把雪再也撑不住了，噗嗤的一声，将冷脸笑成花面，一首澌澌然的歌便从云端唱到山麓，从麓唱到低低的荒村，唱入篱落，唱入一只小鸭的黄蹼，唱入软溶溶的春泥，软如一床新翻的棉被的春泥。

知识小链接

张晓风

张晓风，中国台湾著名散文名家。毕业于台湾东吴大学，并曾执教于该校及香港浸会学院，现任台湾阳明医学院教授。2012 年作为亲民党候选人当选台湾地区第八届“立法委员”。

那样娇，那样敏感，却又那样混沌天涯。一声雷，可以无端地惹哭满天的云；一阵杜鹃啼，可以斗急了一城杜鹃花；一阵风起，每一棵柳都会吟出一则则白茫茫、虚飘飘，说也说不清，听也听不清的飞絮，每一丝飞絮都是一株柳的分号，反正，春天就是这样不讲理，不逻辑，而仍可以好得让人心平气和的。

春天必然会是这样的，满塘叶黯花残的枯梗抵死苦守一截老根，北地里千宅万户的屋梁受尽风欺雪扰犹自温柔地抱着一团小小的空虚的燕巢。然后，忽然有一天，桃花把所有的山村水廓都攻陷了，柳树把皇室的御沟和民间的江头都控制住了。春天有如旌旗鲜明的王师，因长期虔诚的企盼祝祷而美丽起来。

而关于春天的名字，必然曾经有这样的一段故事：在《诗经》之前，在《尚书》之前，在仓颉造字之前，一只小羊在啮草时猛然感到的多汁，一个孩子在放风筝时猛然感觉到的飞腾，一只患风痛的腿在猛然间感到的舒活，千千万万双素手在溪畔、在塘畔、在江畔浣纱的手所猛然感到的水的血脉……当他们惊讶地奔走互告的时候，他们决定将嘴撅成吹口哨的形状，用一种愉快的耳语的声量来为这季节命名："春。"

鸟又可以开始丈量天空了，有的负责丈量天的蓝度，有的负责丈量天的透明度，有的负责用那双翼丈量天的高度和深度。而所有的鸟全不是好的数学家，它们吱吱喳喳地算了又算，核了又核，终于还是不敢宣布统计数字。蜜蜂去编册。所有的树，交给风去纵宠。而风，交檐前的老风铃去一一记忆、一一垂询。

春天必然曾经是这样，或者，在什么地方，它仍然是这样的吧？穿越烟囱的黑森林，我想走访那踯躅在湮远年代中的春天。

这是一篇文字优美的写春的散文。作者从春到来的那一刻开始写起，写出了春从山麓到荒村缓步而来，将一切换上春的妆容，自然界和人们欣喜地迎接春的到来。文章洋溢着对春天的热爱，极力写出了自然和人类对美好春季的享受，陶醉在这造物主的恩赐中。

热情之夏

SI JI DE LAI LI

在中国，夏季指的是从立夏到立秋的这段时间，西方人则普遍称夏至至秋分这段时间为夏季。

夏季，各类生物已经恢复生机，大都开始旺盛的生命活动。很多生物会在夏季繁殖后代，各种动物选择在夏季交配、生育，植物竞相开花结果，都在努力地展现自己最好的一面。

盛夏之时的天气大部分是炎热的，会产生炎热干燥或者湿热多雨的情况，所以，夏季在户外活动时，一定要注意避暑，以免发生中暑等现象。

第一节　夏季里的节气和养生

夏季的6个节气分别是：立夏、小满、芒种、夏至、小暑、大暑。

◎立　夏

每年阳历5月5日或6日，太阳到达黄经45°，是立夏季节，表示夏季的开始，万物生长，炎热的天气将要来临，农业生产进入繁忙季节。

立夏前后，我国只有福州到南岭以南地区日平均气温在20℃以上，进入真正的夏季。全国绝大部分地区日平均气温在18℃～20℃之间。

此时正是大江南北早稻插秧的大忙季节，同时其他春播作物管理也十分棘手。夏收作物进入生长晚期，油菜接近成熟。江南在立夏以后将进入梅雨季节，雨量和雨水次数明显增多，农田管理在防止水灾的

拓展阅读

立夏的斗蛋游戏

立夏当天的中午，家家户户煮好囫囵蛋（鸡蛋带壳清煮，不能破损），用冷水浸上数分钟之后再套上早已编织好的丝网袋，挂于孩子颈上。孩子们便三五成群，进行斗蛋游戏。蛋分两端，尖者为头，圆者为尾。斗蛋时蛋头斗蛋头，蛋尾击蛋尾。一个一个斗过去，破者认输，最后分出高低。蛋头胜者为第一，蛋称大王；蛋尾胜者为第二，蛋称小王或二王。谚称：“立夏胸挂蛋，孩子不疰夏”，疰夏是夏日常见的微热食少，身倦肢软，渐见消瘦等症小孩尤易疰夏。

夏季农田

同时，要谨防因雨湿诱发小麦病害。

5 月既是自然界万物生长发育繁殖的高峰期，也是青少年成长的高峰期。因此，要注意多晒太阳，晒太阳可以杀死细菌病毒，预防儿童贫血和佝偻病。

父母应创造良好的环境，使孩子心情舒畅、健康成长。不要滥用增高药，乱吃补药，结果会导致孩子发育提前，生长时间缩短，反而不利于小孩成长。

◎小　满

每年阳历 5 月 21 日或 22 日，太阳到达黄经 60°，是小满节气。“小”是说作物刚开始成熟，“满”指麦类作物子粒饱满，但与真正成熟相比还差些时日。

南方大多地区满山的映山红红遍山野，洁白的栀子花、黄色的棣棠花、紫色的丁香花都在争红斗绿。由于雨水相对较多，空气中的湿度也不低，使人感到闷热潮湿。长江以南地区庄稼需要充足的水分，农民们忙着用抽水机抽水，收割

你知道吗

小满养生知识

小满过后更是疾病容易出现的时候。建议人们要有“未病先防”的养生意识，从增强机体的正气和防止病邪的侵害这两方面入手。小满以后，黄河以南到长江中下游地区开始出现 35℃以上的高温天气，有关部门和单位应注意防暑工作。

下来的油菜籽要春打，蚕开始结茧。棉花正值快速生长期，要及时定苗、移苗。

小满时节食物容易腐败变质，苍蝇等昆虫逐渐增多，导致病菌的生长繁殖。人体抵抗力降低，要加强自身的防范，蔬菜要冲洗干净，水果要洗干净削皮。注意休息，保持充足的睡眠，避免体力下降。

◎芒　种

每年阳历的 6 月 5 日或 6 日，太阳到达黄经 75°，是芒种节气。芒种指大麦小麦等有芒的植物，须抓紧时间收割；晚谷、粟等农作物要繁忙地播种。

芒种季节是收、种、管的三忙季节，麦已成熟，如果遇到连雨天气，会使小麦无法及时收割、脱粒而导致倒伏等，必须抓紧有利时机收割脱粒。而夏大豆、夏玉米等作物要提早播种栽插，保证较高的产量。

拓展阅读

芒种的古代划分

我国古代将芒种分为三候：“一候螳螂生；二候鹏始鸣；三候反舌无声。”在这一节气中，螳螂在去年深秋产的卵因感受到阴气初生而破壳生出小螳螂；喜阴的伯劳鸟开始在枝头出现，并且感阴而鸣与此相反，能够学习其它鸟鸣叫的反舌鸟，却因感应到了阴气的出现而停止了鸣叫。

江淮流域在初夏会出现一种连阴雨天气，这时正是江南梅子成熟季节，所以将这时下的雨称为“梅雨”。又因为阴雨天湿度大、温度高、器物容易发霉，这种雨也有人称之为“霉雨”。这种天气也闷热得让人喘不过气来，会使人心率加快、血压升高，易导致心肌梗死等，如发现不舒服要休息，尽量不要出门。

◎夏　至

每年的6月21日或22日，为夏至日。夏至这天，太阳直射地面的位置到达一年的最北端，几乎直射北回归线，北半球的白昼达最长，且越往北越长。

芒　种

过了夏至，我国南方大部分地区农业生产因农作物生长旺盛，杂草、病虫迅速滋长蔓延而进入田间管理时期，高原牧区则开始了草肥畜旺的黄金季节。这时，华南西部雨水量显著增加，使入春以来华南雨量东多西少的分布。夏至以后地面受热强烈，空气对流旺盛，午后至傍晚常易形成雷阵雨。这种热雷雨骤来疾去，降雨范围小，人们称夏雨隔田坎。唐代诗人刘禹锡在南方，曾巧妙地借喻这种天气，写出“东边日出西边雨，道是无晴却有晴”的著名诗句。形势逐渐转变为西多东少。如有夏旱，一般这时可望解除。

在农历夏至后第三个庚日即进入伏天。此时天气炎热，人们食欲不振，开始消瘦，即“苦夏”。民间开始偷闲消夏，注意饮食补养，首先是多吃冷食、凉食、瓜果。古代的斗茶、凉汤都是极好的防暑品。其次是利用防暑工具，例如雨伞、扇子、凉帽、凉席等。

◎小 暑

每年7月7日或8日太阳到达黄经105°时为小暑。暑，表示炎热的意思，小暑为小热，还不十分热。意指天气开始炎热，但还没到最热，全国大部分地区基本符合。这时江淮流域梅雨即将结束，盛夏开始，气温升高，并进入伏旱期；而华北、东北地区进入多雨季节，热带气旋活动频繁，登陆我国的热带气旋开始增多。小暑后南方应注意抗旱，北方须注意防涝。全国的农作物都进入了茁壮成长阶段，需加强田间管理。

“热在三伏”，此时正是进入伏天的开始。“伏”即伏藏的意思，所以人们应当少外出以避暑气。民间度过伏天的办法，就是吃清凉消暑的食品。俗话说“头伏饺子二伏面，三伏烙饼摊鸡蛋”。这种吃法便是为了使身体多出汗，排出体内的各种毒素。

天气热的时候要喝粥，用荷叶、土茯苓、扁豆、薏米、猪苓、泽泻、木棉花等材料煲成的消暑汤或粥，或甜或咸，非常适合此节气食用，多吃水果也可防暑，但是不要食用过量，以免增加肠胃负担，严重的会造成腹泻。

基本小知识

小暑三候

我国古代将小暑分为三候：“一候温风至，二候蟋蟀居宇，三候鹰始鸷。”小暑时节大地上便不再有一丝凉风，而是所有的风中都带着热浪；《诗经·七月》中描述蟋蟀的字句有“七月在野，八月在宇，九月在户，十月蟋蟀入我床下。”文中所说的八月即是夏历的六月，即小暑节气的时候，由于炎热，蟋蟀离开了田野，到庭院的屋檐下以避暑热；在这一节气中，老鹰因地面气温太高而在清凉的高空中活动。

◎大　暑

每年的 7 月 23 日或 24 日，太阳到达黄经 120°时是大暑。这时正值“中伏”前后，是一年中最热的时期，气温最高，农作物生长最快，大部分地区的旱、涝、风灾也最为频繁，抢收抢种，抗旱排涝防台和田间管理等任务很重。

盛夏高温对农作物生长十分有利，但对人们的工作、生产、学习、生活却有着明显的不良影响。一般来说，在最高气温高于 35℃的炎热日子里，中暑的人明显较多；而在最高气温达 37℃以上的酷热日子里，中暑的人数会急剧增加。特别是在副热带高压控制下的长江中下游地区，骄阳似火，风小湿度大，更叫人感到闷热难当。全国闻名的长江沿岸三大火炉城市南京、武汉和重庆，平均每年炎热日就有 17—34 天之多，酷热日也有 3—14 天。其实，比“三大火炉”更热的地方还很多，如安庆、九江、万县等，其中江西的贵溪、湖南的衡阳、重庆的开县等地全年平均炎热日都在 40 天以上，整个长江中下游地区就是一个大“火炉”，做好防暑降温工作尤其显得重要。

基本小知识

大暑三候

我国古代将大暑分为三候：“一候腐草为萤；二候土润溽暑；三候大雨时行。”世上萤火虫约有 2000 多种，分水生与陆生两种，陆生的萤火虫产卵于枯草上，大暑时，萤火虫卵化而出，所以古人认为萤火虫是腐草变成的；第二候是说天气开始变得闷热，土地也很潮湿；第三候是说时常有大的雷雨会出现，这大雨使暑湿减弱，天气开始向立秋过渡。

另外，夏季多种作物害虫活跃，在高温下施药防治更要特别注意个人防护，避免发生中毒事故。

第二节　夏季里的节日和习俗

◎端午节

端午节为每年阴历五月初五，又称端阳节、午日节、五月节、五日节、艾节、端五、重午、午日、夏节，本来是一个驱除瘟疫的节日，后来楚国诗人屈原于端午节投江自尽，就变成纪念屈原的节日。

屈　原

端午粽子

据说，屈原于五月初五自投汨罗江，死后为蛟龙所困，世人哀之，每于此日投五色丝粽子于水中，以驱蛟龙。又传，屈原投汨罗江后，当地百姓闻讯马上划船捞救，一直行至洞庭湖，终不见屈原的尸体。那时，恰逢雨天，湖面上的小舟一起汇集在岸边的亭子旁。当人们得知是打捞贤臣屈大夫时，再次冒雨出动，争相划进茫茫的洞庭湖。为了寄托哀思，人们荡舟江河之上，此后才逐渐发展成为龙舟竞赛。

端午节在门口挂艾草、菖蒲（蒲剑）或石榴、胡蒜，通常将艾草、菖蒲用红纸绑成一束，然后插或悬在门上。因为菖蒲天中五瑞之首，象征祛除不祥的宝剑，因为生长的季节和外形被视为感“百阴之气”，叶片呈剑型，插在门口可以避邪。所以方士们称它为“水剑”，后来的风俗则引申为“蒲剑”，可以斩千邪。

知识小链接

艾草

艾草，是一种多年生草本植物，分布于亚洲及欧洲地区。一般用于针灸术的“灸”。所谓针灸其实分成两个部分。“针”就是拿针刺穴道，而“灸”就是拿艾草点燃之后去熏、烫穴道，穴道受热固然有刺激，但并不是任何纸或草点燃了都能作为“灸”使用。艾草的气味肯定也同时发挥了一定的作用。中国民间用拔火罐的方法治疗风湿病时，以艾草作为燃料效果更佳。

还有，在端午节以五色丝结而成索，或悬于门首，或戴小儿项颈，或系小儿手臂，或挂于床帐、摇篮等处，俗谓可避灾除病、保佑安康、益寿延年。戴香包也是同样的习俗，老年人为了防病健身，一般喜欢戴梅花、菊花、桃子、苹果、荷花、娃娃骑鱼、娃娃抱公鸡、双莲并蒂等形状的，象征着鸟语花香、万事如意、夫妻恩爱、家庭和睦。小孩喜欢的是飞禽走兽类的，如虎、豹子；猴子上竿、斗鸡赶免等。青年人戴香包最讲究，如果是热恋中的情人，那多情的姑娘很早就要精心制作一二枚别致的香包，赶在节前送给自己的情郎。

◎放河灯

放河灯（也常写为放“荷灯”）是华夏民族传统习俗，用以对逝去亲人的悼念，对活着的人们祝福。“纸船明烛照天烧”，就是对这一习俗的生动描述。江河湖海上船只，见到漂来的灯船主动避让，以示吉祥。

放河灯

原始社会，限于对大自然认识的局限，较长时间，人们认为火是万物之源，成为顶礼膜拜的图腾、吉祥温暖的象征、战胜寒冷饥饿的神灵。渔猎时代，人们驾舟出海下湖为免风暴肆虐，在过危礁险滩或风大浪高时，用木板编竹为小船，放祭品点上蜡烛，彩纸作帆及灯笼放水中任其飘流，向海神祈保平安。这一习俗至今仍在台湾、福建、广东渔民中流行，叫彩船灯。

知识小链接

图腾

图腾是原始人群体的亲属、祖先、保护神的标志和象征，是人类历史上最早的一种文化现象。社会生产力的低下和原始民族对自然的无知是图腾产生的基础。运用图腾解释神话、古典记载及民俗民风，往往可获得举一反三之功。图腾就是原始人迷信某种动物或自然物同氏族有血缘关系，因而用来做本氏族的徽号或标志。

近代，福建人民利用潮汐顺风，用纸、布、绸、塑料、金属制作河灯，漂浮到金门、马祖，灯壁写有“亲人团聚、两岸三通、早日一统、振兴中华”祝词，灯船上还装有慰问信和礼品，使放河灯又有了新的时代气息。

一些地区放河灯不限于七月半，三月三歌节、锅庄节、上巳节、三月节，也放河灯。姑娘少女对这个习俗特别钟爱，往往在节日夜，自制小灯笼写上对未来美好生活的祝愿顺水漂流。在江南，病愈的人及亲属制作河灯投放，表示送走疾病灾祸，时间自然不限于七月半。

◎姑姑节

“六月六，请姑姑”。过去，每逢阴历六月初六，农村的风俗都要请回已出嫁的老少姑娘，好好招待一番再送回去。

相传在春秋战国时期，晋国有个宰相叫狐偃。他是保护和跟随公子重耳流亡到列国的功臣，封相后勤理朝政，十分精明能干，晋国上下对他都很敬重。每逢六月初六狐偃过生日的时候，总有无数的人给他拜寿送礼。就这样狐偃慢慢地骄傲起来。时间一长，人们对他不满了。但狐偃权高势重，人们都对他敢怒不敢言。狐偃的女儿亲家是当时的功臣赵衰。他对狐偃的作为很反感，就直言相劝。但狐偃听不进苦口良言，当众责骂亲家。赵衰年老体弱，不久因气而死。他的儿子恨岳父不讲仁义，决心为父报仇。第二年，晋国夏粮遭灾，狐偃出京放粮，临走时说，六月初六一定赶回来过生日。狐偃的女婿得到这个消息，决定六月初六大闹寿筵，杀狐偃，报父仇。狐偃的女婿见到妻子。问她：“像我岳父那样的人，天下的老百姓恨不恨？”狐偃的女儿对父亲的作为也很生气，顺口答道：“连你我都恨他，还用说别人？”她丈夫就把计划说出来。他妻子听了，脸一红一白，说：“我是你家的人，顾不得娘家了，你看着办吧！”从此以后，狐偃的女儿整天心惊肉跳，她恨父亲狂妄自大，对亲家绝情。但转念想起父亲的好，亲生女儿不能见死不救。她最后在六月初五跑回娘家告诉母亲丈夫的计划。母亲大惊，急忙连夜给狐偃送信。狐偃的女婿见妻子逃跑了，知道机密败露，闷在家里等狐偃来收拾自己。

基本小知识

春秋战国时期

春秋战国时期（公元前770—公元前221年）又称东周时期。西周时期，周天子保持着天下共主的威权。平王东迁以后，东周开始，周王室开始衰微，只保有天下共主的名义，而无实际控制天下的能力。同时，一些被称为蛮夷戎狄的民族在中原文化的影响或民族融合的基础上很快赶了上来。中原各国也因社会经济条件不同，大国间争夺霸主的局面出现了，各国的兼并与争霸促成了各个地区的统一。因此，东周时期的社会大动荡，为全国性的统一准备了条件。

六月初六一早，狐偃亲自来到亲家府上，狐偃见了女婿就像没事一样，翁婿二人并马回相府去了。那年拜寿筵上，狐偃说：“老夫今年放粮，亲见百姓疾苦，深知我近年来做事有错。今天贤婿设计害我，虽然过于狠毒，但事没办成，他是为民除害、为父报仇，老夫决不怪罪。女儿救父危机，尽了大孝，理当受我一拜。并望贤婿看在我面上，不计仇恨，两相和好！”从此以后，狐偃真心改过，翁婿比以前更加亲近。为了永远记取这个教训，狐偃每年六月六都要请回闺女、女婿团聚一番。这件事情张扬出去，老百姓各个仿效，也都在六月六接回闺女，应个消仇解怨、免灾去难的吉利。年长日久，相沿成习，流传至今，人们称为“姑姑节”。

◎过大暑

在大暑节那天，莆田人家有吃荔枝、羊肉和米糟的习俗，叫做“过大暑”。荔枝是莆田特产，其中如宋家香、状元红、“十八娘红”等，古今驰名。在大暑节前后，荔枝已是满树流丹、飘香十里的成熟时候。荔枝含有多量的葡萄糖和多种维生素，有一定营养价值，所以吃鲜荔枝可以滋补身体。邑人宋比玉的《荔枝食谱》中载：“采摘荔枝要含露采摘，并浸在冷泉中，食时最好盛在白色的瓷盆上，红白相映，更能衬出荔枝色彩的娇艳；晚间，浴罢，新月照人，是啖荔枝的最好时间。”因之，古老相传：大暑节那天，先将鲜荔枝浸于冷井水之中，大暑节时刻一到取出它，仔细品尝。这时刻吃荔枝，最惬意、最滋润。于是，有人说大暑吃荔枝，其营养价值和吃人参一样高。

知识小链接

红糖

红糖通常是指带蜜的甘蔗成品糖，一般是指甘蔗经榨汁，通过简易处理，经浓缩形成的带蜜糖。红糖按结晶颗粒不同，分为赤砂糖、红糖粉、碗糖等，因没有经过高度精炼，它们几乎保留了蔗汁中的全部成分，除了具备糖的功能外，还含有维生素和微量元素，如铁、锌、锰、铬等，营养成分比白砂糖高很多。

温汤羊肉是莆田独特的风味小吃和高级菜肴之一。把羊宰后，去毛卸脏，整只放进滚烫的锅里翻烫，捞起放入大陶缸中，再把锅内的滚汤注入，泡浸一定时间后取出上市。吃时，把羊肉切成片片，肉肥脆嫩，味鲜可口。羊肉性温补，食用、药用（配合药物）咸宜。大暑节那天早晨，羊肉上市，供不应求。

还有，将米饭拌和白米曲使其发酵，透熟成糟；到大暑那天，把它划成一块块，加些红糖煮食。说的是可以“大补元气”。在大暑节那天，亲友之间，常以荔枝、羊肉为互赠的礼品。

大暑节气是大热天，人们为什么偏要吃这些都是属于热性的食物呢？据医家称：大暑节气是在梅雨季节刚过后不久的月份，此时天气虽热，但暑主阴，人体容易为暑、湿、邪所侵，甚至发病。吃了这些食物，能增强机体抗病的能力，以驱除暑、湿。

第三节　夏季百花齐放

◎荷　花

荷花为多年水生植物。它的根是莲藕，花心长大后是莲蓬，果实就是莲蓬里的莲子。花期6—9月，每日晨开暮闭。由于“荷”与“和”、“合”谐音，“莲”与“联”、“连”谐音，中华传统文化中，经常以荷花即莲花作为和平、和谐、合作、

荷　花

合力、团结、联合等的象征；以荷花的高洁象征和平事业、和谐世界的高洁。

荷花相传是王母娘娘身边的一个美貌侍女——玉姬的化身。当初玉姬看见人间双双对对，男耕女织，十分羡慕，因此动了凡心，在河神女儿的陪伴下偷出天宫，来到杭州的西子湖畔。西湖秀丽的风光使玉姬流连忘返，忘情地在湖中嬉戏，到天亮也舍不得离开。王母娘娘知道后用莲花宝座将玉姬打入湖中，并让她“打入淤泥，永世不得再登南天”。从此，天宫中少了一位美貌的侍女，而人间多了一种玉肌水灵的鲜花。

荷花是印度的国花。由于印度是佛教的发源地，所以荷花在印度与佛教有千丝万缕的联系，无论画佛、塑佛，佛座必定是莲花台座。为什么佛要坐在荷花上呢？据佛典介绍，主要是因为佛法庄严曼妙，而莲花软而净，大而香，与佛法相契。又有研究佛教的人认为，莲出淤泥而不染，合乎佛教的超脱人世的思想。还有人认为，莲代表这过去现在来世的连接，另外，莲晨开晚谢，这在佛教看来也如人的生命。

拓展阅读

荷花的管理养护

荷花是优良的夏季水体绿化植物，既可作大面积池栽美化水面、净化水质，也可用缸盆栽植，摆放于庭院、亭榭等处装饰环境，更可以用碗栽植点缀家居。

荷花是睡莲科莲属多年生挺水草本植物，在中国至少有7000年的栽培历史。长江流域一般于清明前后分藕栽植，每年6—8月是荷花的开放期。这段时间多风雨、温度高、空气湿度大，是病虫害高发季节，因而要加强日常管理。

◎百合花

百合是多年生草本球根植物，主要分布在亚洲东部、欧洲、北美洲等北半球温带地区，中国是其最主要的起源地，是百合属植物自然分布中心。

百合花素有“云裳仙子”之称。由于其外表高雅纯洁，天主教以百合花为马利亚的象征，而梵蒂冈以百合花象征民族独立、经济繁荣并把它作为国花。百合的鳞茎由鳞片抱合而成，又“百年好合”、“百事合意”之意，中国人自古视为婚礼必不可少的吉祥花卉。

林清玄的《百合花开》里说了这样一个故事：在一个遥远的峡谷里，一颗百合花的种子落在了野草丛中，并在那里发芽生长。百合花在没有开花之前和野草是没有什么区别的，于是其他野草都认为它是其中的一员。只有百合花知道自己是一朵花，一朵不同于其他野草的花。所以当百合花开出一个花蕾的时候，其他野草都嘲笑它、孤立它，认为她是野草的异类，但依然不认为它是一朵花。百合花总是默默地忍受着，因为它相信总有一天自己会开出一朵漂亮的百合花。

趣味点击　百合花的象征意义

在西方，百合花一直是作为圣洁的象征。《圣经》上记载，以色列国王所罗门（公元前1033～前975年）的寺庙顶上，就有百合花的装饰。《旧约·雅歌》中写道：“他的恋人像山谷中的百合花，洁白无瑕。”此外，它还是王室权威的象征。从12世纪起，百合花便成为法国国徽的图案；在智利国徽的图案上，也有一簇百合花，它是智利人民独立、自由的象征。

百合花

终于，百合花迎来了它生命中最重要的一刻，当它迎风怒放在峡谷中，怒放在野草丛中的时候，它证明了自己的价值，证明了自己的意义。在刚刚盛开的百合花瓣中，沾满了晶莹的露珠。当其他野草都以为这是早晨的水雾时，只有百合花知道，那是自己喜悦的泪水。从那一天开始，峡谷里出现了越来越多的百合花。于是，人们都叫那里为百合谷。

◎鸡冠花

鸡冠花，茎红色或青白色；叶互生有柄，叶有深红、翠绿、黄绿、红绿等多种颜色；花聚生于顶部，形似鸡冠，扁平而厚软，长在植株上呈倒扫帚状。花色亦丰富多彩，有紫色、橙黄、白色、红黄相杂等色。种子细小，呈紫黑色，藏于花冠绒毛内。鸡冠花植株有高型、中型、矮型三种，矮型的只有 30 厘米高，高的可达 2 米。

广角镜

鸡冠花的园林应用

鸡冠花因其花序红色、扁平状，形似鸡冠而得名，享有“花中之禽”的美誉。鸡冠花是园林中著名的露地草本花卉之一，花序顶生、显著，形状色彩多样，鲜艳明快，有较高的观赏价值，是重要的花坛花卉。高型品种用于花境、花坛，还是很好的切花材料，切花瓶插能保持 10 天以上。也可制干花，经久不凋。可做矮型品种盆栽或做边缘种植。

鸡冠花

因为鸡冠花经风傲霜、花姿不减、花色不褪，被视为永不褪色的恋情或不变的爱的象征。在欧美，第一次赠给恋人的花，就是火红的鸡冠花，寓意真挚的爱情。

关于鸡冠花，民间有这样一个传说：从前，伏牛山里有个蜈蚣岭，岭下住着一家姓张的人家。母子二人相依为命。一天，儿子双喜到山上砍柴，遇到一个美女孤苦无依，就将她带回家。有一日，婆婆发现了这个姑娘原来是蜈蚣精，她于是想法子逼走了婆婆，并将年轻人骗到山上，准备要弄死他，这时，不知从何处来了一只大红老公鸡，张开一张尖嘴，对着蜈蚣精就啄。蜈蚣精就地一滚，现了原形，它们一来一往搏斗到天快明时，老公鸡才把蜈蚣精啄死。可是，老公鸡也倒在地上累死了。天明，年轻人醒来，见身边死着一个大蜈蚣、一个大红老公鸡，这才明白过来。

后来，在埋老公鸡的地方长出了一棵花，那花跟鸡冠一模一样，远看就像一个红公鸡昂首挺胸站在那里，人们都说是大红公鸡变的。就给那花起名叫“鸡冠花”，把蜈蚣岭也改成了金鸡岭。据说，直到现在，凡是有鸡冠花的地方，就没有蜈蚣。

◎茉莉花

茉莉是常绿小灌木，高可达 1 米。枝条细长，小枝有棱角，有时有毛，略呈藤本状。单叶对生，宽卵形或椭圆形，有短柔毛。初夏由叶腋抽出新梢，顶生聚伞花序，顶生或腋生，有花3～9朵，通常3～4朵，花冠白色，极芳香。大多数品种的花期6—10月，由初夏至晚秋开花不绝。

茉莉花素洁、浓郁、清芬、久远，它的花语表示忠贞、尊敬、清纯、贞洁、质朴、玲珑、迷人。许多国家将其作为爱情之花，青年男女之间，互送茉莉花以表达坚贞爱情。它也作为友谊之花，在人们中间传递。把茉莉花环套在客人颈上使之垂到胸前，表示尊敬与友好，成为一种热情好客的礼节。

拓展阅读

茉莉花的医药价值

茉莉花可提取茉莉花油，油中主要成分为苯甲醇及其酯类、茉莉花素、芳樟醇、安息香酸芳樟醇酯。根含生物碱、甾醇。动物实验表明茉莉根醇浸液可使小白鼠自发活动明显减少；可延长环己巴比妥纳所引起小白鼠的睡眠时间；可降低小白鼠被动活动的能力。因此，可认为茉莉根对中枢神经系统有抑制作用。茉莉花、叶和根都可药用，一般秋后挖根，切片晒干备用；夏秋采花，晒干备用。具有辛、甘、凉、清热解毒、利湿作用。

茉莉花的花语为官能的、你是我的，因为它的香味迷人，很多人会把她当成装饰品一样地别在身上。在婚礼等庄重场合，也是一种很合宜的装饰花，还经常被使用在新娘捧花上。茉莉花茶是一种香味极浓的茶。但是，真正用于这种茶叶的，是另一种与茉莉花品种很接近的花。清秀的外形，让你很难想象原来她有着如此香甜醇美的花香。散发着就像其花语所说的“官能的”香味。所以，自古以来，就是各种香水中的主要原料之一。

关于茉莉有一个这样的传说：唐代苏州有一名妓名真娘，真娘出身京都长安一书香门第。她从小聪慧、娇丽，擅长歌舞，工琴棋，精书画。为了逃

茉莉花

避安史之乱，随父母南逃，路上与家人失散，流落苏州，被诱骗到山塘街“乐云楼”妓院。因真娘才貌双全，很快名噪一时，但她只卖艺，不卖身，守身如玉。其时，苏城有一富家子弟叫王荫祥，人品端正，还有几分才气。偏偏爱上青楼中的真娘，想娶她为妻，真娘因幼年已由父母做主，有了婚配，只得婉言拒绝。王荫祥还是不罢休，用重金买通老鸨，想留宿于真娘处。真娘觉得已难以违抗，为保贞节，悬梁自尽。王荫祥得知后，懊丧不已，悲痛至极。斥资厚葬真娘于名胜虎丘，并刻碑纪念，栽花种树于墓上，人称“花冢”，并发誓永不再娶。传说茉莉花在真娘死前没有香味，死后其魂魄附于花上，从此茉莉花就带有了香味，所以茉莉花又称“香魂”，茉莉花茶又称为“香魂茶”。

◎石榴花

石榴花又名月季石榴，是乔木石榴开的花，一棵树上的花有雌花和雄花之分，而雌花和雄花比较容易区分出来，因为雌花比雄花大而且漂亮，但是雌雄花都很好看。花1朵至数朵生于枝顶或叶腋；花萼钟形，肉质，先端六裂，表面光滑具蜡质，橙红色。花瓣5~7枚，单瓣或重瓣。花色多为红色或白色，都能招蜂引蝶。远远望去，就像成熟的女人穿着彩色的裙子在那里翩翩起舞，十分好看。

传说汉武帝时候，张骞出使西域，住在安石国的宾馆里，宾馆门口一株花红似的小树，张骞非常喜爱，但从没见过，不知道是什么树，园丁告诉他是石榴树，张骞一有空闲就要站在石榴树旁欣赏石榴花，后来，天旱了，石榴树的花叶日渐枯萎，于是张骞就担水浇那棵石榴树。石榴树张骞的灌浇下，叶也返绿了，花也伸展了。张骞在安石国办完公事，就要回国的那天夜里，正在屋里画西域的地图。忽见一个红衣绿裙的女子推门而入，飘飘然来到跟前，施了礼说：“听说您明天就要回国了，奴愿跟您同去中原。”张骞大吃一惊，心想准是安石国哪位使女要跟他逃走，身在异国，又身为汉使，怎可惹此是非，于是正颜厉色说：“夜半私入，口出不逊，出去出去，快些出去了！”那女子见张骞撵她，怯生生地走了。

你知道吗

石榴花的种植方法

石榴花常用扦插、分株和压条繁殖。扦插，春季选二年生枝条或夏季采用半木质化枝条扦插均可，插后15—20天生根。分株，可在早春4月芽萌动时，挖取健壮根蘖苗分栽。压条，春、秋季均可进行，不必刻伤，芽萌动前用根部分蘖枝压入土中，经夏季生根后割离母株，秋季即成苗。

第二天，张骞回国时，安石国赠金他不要，赠银他不收，单要宾馆门口那棵石榴树。他说：“我们中原什么都有，就是没有石榴树，我想把宾馆门口那棵石榴树起回去，移植中原，也好做个纪念。”安石国国王答应了张骞的请求，就派人起出

石榴花

了那棵石榴树，同满朝文武百官给张骞送行。张骞一行人在回来的路上，不幸被匈奴人拦截，当杀出重围时，却把那棵石榴树失落了。人马回到长安，汉武帝率领百官出城迎接。正在此时，忽听后边有一女子在喊："天朝使臣，叫俺赶得好苦啊！"张骞回头看时，正是在安石国宾馆里见到的那个女子，只见她披头散发，气喘吁吁，白玉般的脸蛋上挂着两行泪水。张骞一脸惊异，忙说道："你为何不在安石国，要千里迢迢来追我？"那女子垂泪说道："路途被劫，奴不愿离弃天使，就一路追来，以报昔日浇灌活命之恩。"她说罢扑通一声地跪下，立刻不见了。就在她跪下去的地方，出现了一棵石榴树，叶绿欲滴，花红似火。汉武帝和众百官一见无不惊奇，张骞这才明白了是怎么回事，就给武帝讲述了在安石国浇灌石榴树的前情。汉武帝一听，非常喜悦，忙命武士刨起出土，移植御花园中。从此，中原就有了石榴树。

◎喇叭花

牵牛花别名喇叭花、牵牛、朝颜花。为旋花科牵牛属一年生蔓性缠绕草本花卉。蔓生茎细长，约3～4米，全株多密被短刚毛。叶互生，全缘或具叶裂。聚伞花序腋生，1朵至数朵。花冠喇叭样。花色鲜艳美丽。蒴果

拓展阅读

喇叭花的药用价值

牵牛花的药用价值较高，明代吴宽写诗赞道："本草载药品，草部见牵牛。薰风篱落间，蔓出甚绸缪。"

现代药理研究分析，牵牛子含有牵牛子甙、牵牛子酸甲、没食子酸、裸麦角碱、野麦碱等成分，能刺激肠道、增强蠕动，有强烈的泻下作用。服用时一定要严格按量，不可多服，牵牛籽的药用名称为二丑、黑丑、白丑。黑丑为黑牵牛籽，白丑为白牵牛籽，二丑为黑白丑的混合物。

球形，成熟后胞背开裂，种子粒大，黑色或黄白色，寿命很长。花期6—10月，大都朝开午谢。

传说很久以前有座伏牛山，伏牛山下有个小村子，村子里有一对孪生姐妹。有一天，姐妹二人正在刨地，突然刨到了一块特硬的地方，怎么也刨不动一丝土。姐妹二人累了半天，就坐在硬土边上歇一会儿。忽然，那块硬土自己裂开了，里面发出银闪闪的光亮，妹妹跑过去拿出了一块东西，原来是一个银喇叭。姐妹二人正在奇怪时，旁边突然走来了一个白须白发的老翁，老翁告诉她们山里有个玉皇大帝镇压的金牛，晚上吹响喇叭就会使金牛变活。于是姐妹俩晚上吹响喇叭，山开了一个小洞，姐妹俩进去牵牛，有100头牛，牛都往洞外跑，最后一头牛却怎么也牵不动，眼看天快亮了，洞口慢慢合上了，姐妹俩被关在了山里。这时太阳出来了，山眼里的那只银喇叭一变，就成了一朵喇叭花。也有人说，为了纪念那姐妹二人，所以喇叭花也叫牵牛花。

当然，以上所述只是传说而已，表达的是古代劳动人民的一

拓展阅读

唐菖蒲的国外品种

中国栽植的唐菖蒲种球绝大多数是进口的，主要来自荷兰、日本、美国等，品种主要有白色系的白友谊、白雪公主、白花女神、繁荣、佩基等；粉色系的魅力、粉友谊、夏威夷人、玛什加尼、埃里沙维斯昆等。

黄色系的金色原野、金色杰克逊、荷兰黄、新星、豪华、彼德李、聚光、梅格、黄金等。

红色系的红美人、红光、奥斯卡、胜利、青骨红、玫瑰红、火焰商标、欢呼、尼克尔、芭蕾舞女演员、戴高乐、乐天、钻石红等。

紫色系的长尾玉、蓝色康凯拉、紫色施普里姆。

烟色系的巧克力。

复色系列的小丑。

热情之夏

种良好愿望。不过，牵牛花还真的有益于人民，它不但可供观赏，而且还可入药。它性寒，味苦，有逐水消积功能，对水肿腹胀、脚气、大小便不利等病症有特别的疗效。直到今天，一些农民还用它来治病。

喇叭花

◎唐菖蒲

唐菖蒲，也叫剑兰。株高 90 ~ 150 厘米，茎粗壮直立，无分枝或少有分枝，叶硬质剑形，7 ~ 8 片叶嵌叠状排列。花茎高出叶上，穗状花序着花 12 ~ 24 朵排成两列，侧向一边，花冠筒呈膨大的漏斗形，稍向上弯，花径 12 ~ 16 厘米，花色有红、黄、白、紫、蓝等深浅不同或具复色品种。

唐菖蒲

唐菖蒲品种多达近万个。按花期不同，可分为春花种和夏花种两大类。春花种在温暖地区秋季栽培，第二年春季开花；夏花种春季种植，夏季开花。夏花在生育期不同又可分为早花、中花、晚花 3 种。早花种 55—65 天开花；中花种 75 天开花；晚花种 85—95 天开花。

欧美国家古时的人们认为，唐菖蒲是武士屠龙宝剑的化身。开起花来气势不凡的唐菖蒲，在中国从古至今地位非凡。由于唐菖蒲如长剑，民间传说它是天师钟馗的宝剑，放在家里可以避邪，所以逢年过节必摆唐菖蒲。再加上唐菖蒲花朵绽放时，是从下往上开，花期长又节节升高，意味着福气吉祥，这就是它另一个名称“福兰”的由来。

唐菖蒲有个很抒情的花语“幽会”。据说是因为它的花朵周围被苞片密实围裹，就像少女把衣领竖起与情人秘密约会之故。另外，它还象征“用心”、“节节高升”、“福来”、“富贵”和“坚固”。

唐菖蒲的花形与花色都很丰富。送礼给心上人，可选红色唐菖蒲，表示亲密。送给长辈，可挑代表“尊敬”的黄色唐菖蒲。

第四节　夏季水果甜美

◎杏

杏成熟期在 5 月下旬—7 月中旬。杏树大，树冠开展，叶阔心形，深绿色，直立着生于小枝上。花盛开时白色，自花授粉。短枝每节上生一个或两个果实，果圆形或长圆形，稍扁，形状似桃，但少毛或无毛。果肉艳黄或橙黄色。果核表面平滑，略似李核，但较宽而扁平，多有翅边。

杏

有的品种核仁甜，有的则有毒。

杏是我国北方的主要栽培果树品种之一，以果实早熟、色泽鲜艳、果肉多汁、风味甜美、酸甜适口为特色，在春夏之交的果品市场上占有重要位置，深受人们的喜爱。杏果实营养丰富，含有多种有机成分和人体所必需的维生素及无机盐类，是一种营养价值较高的水果。杏仁的营养更丰富，含蛋白质23%～27%、粗脂肪50%～60%、糖类10%，还含有磷、铁、钾等无机盐类及多种维生素，是滋补佳品。

杏果有良好的医疗作用，在中草药中居重要地位，可治风寒肺病，有生津止渴、润肺化痰、清热解毒的功效。

杏肉除了供人们鲜食之外，还可以加工制成杏脯、糖水杏罐头、杏干、杏酱、杏汁、杏酒、杏青梅、杏话梅、杏丹皮等；杏仁可以制成杏仁霜、杏仁露、杏仁酪、杏仁酱、杏仁点心、杏仁酱菜、杏仁油等。杏仁油微黄透明，味道清香，不仅是一种优良的食用油，还是一种高级的油漆涂料、化妆品及优质香皂的重要原料。

拓展阅读

杏的食用禁忌

杏肉味酸、性热，有小毒，杏仁多为苦仁，有巨毒，须做去毒处理方可食用。过食会伤及筋骨、勾发老病，甚至会落眉脱发、影响视力，诱发早产，孕妇及孩童过食还极易长疮生疖。同时，由于柴杏酸性较强，过食不仅容易激增胃里的酸液伤胃引起胃病，还易腐蚀牙齿诱发龋齿。而对于过食伤人较大的杏，每食3～5枚视为适宜。肉用杏即甜杏则无碍。

但将杏制成杏汁饮料，不但安全还有益健康。对于爱吃杏的朋友来说，除了管好贪吃的嘴，多食经加工而成的杏脯、杏干等，则为上策。

◎葡　萄

葡萄的正常成熟期是在七八月份，但是品种和地域的原因，秋冬也有葡萄上市，但是价格会贵一点。

趣味点击　水晶明珠

"水晶明珠"是人们对葡萄的爱称，因为它果色艳丽、汁多味美、营养丰富。果实含糖量达10%～30%，并含有多种微量元素，又有增进人体健康，有治疗神经衰弱和过度疲劳的功效。

葡萄中的糖主要是葡萄糖，能很快地被人体吸收。当人体出现低血糖时，若及时饮用葡萄汁，可很快使症状缓解。法国科学家研究发现，葡萄能比阿司匹林更好地阻止血栓形成，并且能降低人体血清胆固醇水平，降低血小板的凝聚力，对预防心脑血管病有一定作用；葡萄中含的类黄酮是一种强力抗氧化剂，可抗衰老，并可清除体内自由基；葡萄中含有一种抗癌微量元素（白藜芦醇），可以防止健康细胞癌变，阻止癌细胞扩散。葡萄汁可以帮助器官植手术患者减少排异反应，促进早日康复。

葡　萄

葡萄具有极高的观赏性，人们将其制作成各种盆景放置室内，清香幽雅美观别致；或在居室前后栽植，藤蔓缠绕，玲珑剔透，芳香四溢，是美化环境的佼佼者。然而，葡萄的巨大经济价值主要在于酿酒，全世界80%的葡萄都用于酿酒。但是，随着人们保健意识的增强，消费观念的转变，越来越多的葡萄被酿成果汁，成为味美多效的营养保健果品。其不但能治疗多种疾病，直接饮用葡萄汁还有抗病毒的作用。

◎菠　萝

菠萝一年有两个季节上市，夏初和冬末。菠萝原名凤梨，原产巴西，16 世纪时传入中国，有 70 多个品种，为岭南四大名果之一。菠萝含用大量的果糖、葡萄糖、维生素 A、B、C，磷、柠檬酸和蛋白酶等物。味甘性温，具有解暑止渴、消食止泻之功，为夏令医食兼优的时令佳果。

菠萝含有一种叫“菠萝朊酶”的物质，它能分解蛋白质，溶解阻塞于组织中的纤维蛋白和血凝块，改善局部的血液循环，消除炎症和水肿。这种酶对我们的舌头和口腔表皮有特殊的刺激作用，而食盐却能控制住菠萝酶的活动。因此，如果我们吃了没有蘸过盐水的菠萝果肉后，口腔、舌头以至嘴唇都会有一种轻微的麻木刺痛的感觉，这就是酶起的作用。我们把新鲜菠萝果肉先放在盐水中浸一下，吃下去就没有这种麻木刺痛的感觉，当然觉得菠萝特别香甜啦！菠萝中所含糖、盐类和酶有利尿作用，适当食用

你知道吗

菠萝减肥

菠萝几乎含有所有的人体所需的维生素，16 种天然矿物质，并能有效帮助消化吸收。菠萝减肥的秘密在于它丰富的果汁，能有效地酸解脂肪，可以每天有效地在食物中搭配食用菠萝或饮用菠萝汁，但是切忌过量或食用未经处理的生菠萝：第一，容易降低味觉，刺激口腔黏膜；第二，容易导致生产菠萝蛋白酶，对这种蛋白酶过敏的人，会出现皮肤发痒等症状。

避免这种情况发生的方法很简单，菠萝去皮后，切片或块状，放置淡盐水中浸泡半小时，然后用凉开水冲洗去咸味，即可放心大胆地享受菠萝的新鲜美味。

菠萝

对肾炎、高血压病患者有益；菠萝性味甘平，具有健胃消食、补脾止泻、清胃解渴等功用。

◎桃　子

桃从 6 月中旬至 10 月初都有成熟的。

桃果汁多味美，芳香诱人，色泽艳丽，营养丰富。桃子的口感良好，通体能散发出一股令人心情愉悦的香味儿，所含营养物质也相对丰富，吃了对身体有补益延年的作用。

桃子的品种很多，包括青桃、毛桃、水蜜桃、黄桃、蟠桃、油桃等。桃的果肉中富含蛋白质、脂肪、糖、钙、磷、铁和维生素 B、维生素 C 及大量的水分，对慢性支气管炎、支气管扩张症、肺纤维化、肺不张、硅肺、肺结核等出现的干咳、咳血、慢性发热、盗汗等症，可起到养阴生津、补气润肺的保健

广角镜

桃子分布区域

桃子原产于中国，现在在北半球的许多国家有种植。

中国除黑龙江省外，其他各省、市、自治区都有桃树栽培。主要经济栽培地区在华北、华东各省市，较为集中的地区有北京海淀区、平谷区，天津蓟县，山东肥城、山东蒙阴、益都、青岛，河南商水、开封，河北抚宁、遵化、深县、临漳，陕西宝鸡、西安，四川成都，辽宁大连，浙江奉化，上海南汇，江苏无锡、徐州。据 1994 年资料统计全国栽培面积已超过 360 万亩，生产桃 20 万吨，居世界第一位。

桃　子

作用。

桃还可用于大病之后，是气血亏虚，面黄肌瘦，心悸气短者的调养食品。桃的含铁量较高，是缺铁性贫血病人的理想辅助食物。桃含钾多，含钠少，适合水肿病人食用。桃仁有活血化淤、润肠通便作用，可用于闭经、跌打损伤等的辅助治疗。桃仁提取物有抗凝血作用，并能抑制咳嗽中枢而止咳。同时能使血压下降，可用于高血压病人的辅助治疗。

桃子虽好，也有禁忌：一是未成熟的桃子不能吃，否则会腹胀或生疖痈；二是即使是成熟的桃子，也不能吃得太多，太多会令人生热上火；三是烂桃切不可食用；四是桃子忌与甲鱼同食；五是糖尿病患者血糖过高时应少食桃子。

◎荔　枝

荔枝成熟季节在6—9月。荔枝又名离枝，具有通神益智、填精充液、辟臭止痛等多种功能。荔枝原产于中国，是中国岭南佳果，色、香、味皆美，驰名中外，有“果王”之称。荔枝是亚热带果树，常绿乔木，高可达20米，偶数羽状复叶，圆锥花序，花小，无花瓣，绿白或淡黄色，有芳香。果皮多数鳞斑状突起，鲜红，紫红。果肉产鲜时半透明凝脂状，味香美。

荔枝所含丰富的糖分具有补充能量、增加营养的作用，研究证明，荔枝对大脑组织有补养作用，能明显改善失眠、健忘、神疲等症；荔枝肉含丰富的维生素C和蛋白质，有助于增强机体免疫功能，提高抗病能力；荔枝有消肿解毒、止血止痛的作用；荔枝拥有丰富的维生素，可促进微细血管的血液循环，防止雀斑的发生，令皮肤更加光滑。荔枝味甘、酸，性温，入心、脾、肝经；果肉具有补脾益肝、理气补血、温中止痛、补心安神的功效；核具有理气、散结、止痛的功效；可止腹泻，是顽固性呃逆及五更泻者的食疗佳品，同时有补脑健身，开胃益脾，促进食欲之功效。但是多吃容易上火，因而最好冷藏，每日吃10粒。

趣味点击　荔枝与杨贵妃

传闻唐明皇为博杨贵妃一笑，从岭南把荔枝送到长安，为了保存荔枝的色香味，要把整棵荔枝树砍掉然后以快骑驿送。杜牧有《过华清宫》诗：“长安回望绣成堆，山顶千门次第开。一骑红尘妃子笑，无人知是荔枝来。”《杨贵妃外传》谈到杨贵妃在马嵬驿被赐缢死，恰好广州进贡的荔枝到，玄宗用它来祭奠贵妃。

◎李　子

李子早熟品种6月上旬就开始上市，最好吃的品种应在八九月间成熟。李子是植物李的果实，俗称“恐龙蛋”。

荔　枝

我国大部分地区均产。

成熟后采摘洗净，去核鲜用，或晒干用。饱满圆润、玲珑剔透、形态美艳、口味甘甜，是人们喜食的传统果品之一。它既可鲜食，又可以制成罐头、果脯，是夏季的主要水果之一。

李　子

李子全身都是宝。李子能促进胃酸和胃消化酶的分泌，有增加肠胃蠕动的作用，因而食李能促进消化，增加食欲，为胃酸缺乏、食后饱胀、大便秘结者的食疗良品。新鲜李肉中含有多种氨基酸，如谷酰胺、丝氨酸、氨基酸、脯氨酸等，生食之对于治疗肝硬化腹水大有益处；李子核仁中含苦杏仁甙和大量的脂肪油，药理证实，它有显著的利水降压作用，并可加快肠道蠕动，促进干燥的大便排出，同时也具有止咳祛痰的作用。《本草纲目》记载，李花和于面脂中，有很好的美容作用，可以“去粉滓黑黯”，“令人面泽”，对汗斑、脸生黑斑等有良效。

腌李子的制作方法

腌李子的制作材料：

主料：李子 600 克。

辅料：甘草 1 克，盐 20 克，赤砂糖 300 克。

腌李子的做法：

1. 将李子洗净沥干水分。

2. 李子加入海盐搓揉均匀，再将多余的盐除去。

3. 加入甘草粉（磨碎）、赤砂糖与姜汁泥拌匀。

4. 腌渍一天就可以吃了。

第五节　夏季里美丽的景色

◎青海门源油菜花

青海省门源回族自治县是北方小油菜生产基地，从每年的7月初开始，这里就进入了油菜花盛开的季节，开花时间是7月5—25日，最佳花期是7月10—20日。

油菜花

就全国来讲，最大气的油菜花在青海，游览过国内一些油菜花风景地，感觉青海门源的油菜花景色甚为壮观，十足的西部风味，近百万亩油菜花形成的百里油菜花海成就了博大壮阔的特有奇观。整个浩门川是豪放的一片花海。这里的山山水水都被覆盖上了一层金色的外衣。这一片油菜花的海洋，恐怕是世界上最奇特的大海，而浩门镇在花海中沉浮，似乎就成为了一座大海中的孤岛。

7月初，门源的油菜花还不是最盛的季节，但是此时却色彩非常丰富，田野抹上了一片翠绿，其间点点滴滴地透出了一丝丝的淡黄——那是一种精力旺盛、生机勃勃的浪漫宣言。7 月中旬，整个浩门川将是一片的金黄，在高原深蓝的天空下，油菜花镶嵌浩门河两岸，浓艳的黄花，北依祁连山、南邻大坂山、西起永安城、东到玉隆滩，绵延近百千米，繁花一片，无际无边，宛如金黄的大海。这里的油菜花与江西罗平多丘陵所勾画出的画面有所不同，完全表现出了北方地区油菜花在蓝天、白云和雪山下铺天盖地的霸气。

拓展阅读

绿色观光资源

油菜不但可以施有机绿肥，还可增加观光收入，印证了绿色环保概念与经济是可以并存的。近几年来，油菜花成为吸引观光的最佳绿色资源，江西婺源的油菜花名闻遐迩。2009 年，人民网旅游频道曾推出“中国最美油菜花海”评选活动，共有全国 15 个知名油菜花观赏地区参与评选，汉中成为中国最美油菜花海，评选排名第二至第六位的分别是江苏兴化、湖北荆门、云南罗平、重庆潼南和青海门源。

由于田地多向着盆地中间浩浩荡荡的浩门河方向倾斜，所以站在河岸上向两边看，铺天盖地的都是金黄色，浩门河在中间流淌，这种景色就像镶了两道金边的银丝带蜿蜒飘舞，与祁连山遥相辉映。在高原上常见的蓝天白云衬托下，一望无际的金黄显得异常斑斓，令人慨叹，大色块的简单构图给人丰富的遐想。喜欢油菜花的人都是喜欢那种强烈的色彩，喜欢那种扑面而来的恢弘气势。

观花就要拍照，油菜花最大的特点是它的颜色，金黄一片，非常纯粹。选择在油菜花海里拍照有一个先天优势，无论穿什么颜色的衣服，都可与艳丽的油菜花搭配，穿着白色的衣服在金黄色的背景下会十分醒目，姑娘的肤色会显得格外的好看。拍摄油菜花照的最佳时间是细雨初停时，油菜

油菜花

花上挂着水珠，色彩最为鲜艳明润。拍照不仅要拍景物，更重要的是拍花海中的人。推荐两个地方，一个是青石嘴镇的元山观花台和县水泥厂对面的南山上，这里能全观浩门川的油菜花和常年积雪不化的冷龙岭及岗石卡雪峰，拍出来的照片将有春夏秋冬四季景色，背景层次极好；二是东部仙米林区，这里不仅有漂亮的油菜花，还有原始森林、仙米峡谷，各种色块交织，色彩特别丰富。

油菜花都是一丛一丛的，很矮，在油菜花海里面拍照，比较适合坐下，或者躺下，假如穿着白色婚纱拍照，将白色婚纱铺散在花丛中，很能突出女性的妩媚气质。拍照时挑选几套有动感的衣服，更加搭配周围的环境。有条件的朋友也可带一辆自行车或从当地朋友处借一辆，在花海中可以骑上一段，也可以作为道具。

常言道：“常在花间走，能活九十九。”当人步入花的世界，花迎花送，伴君千里。花香沁人心脾，观之闻之似能解人苦乐，仿佛在轻轻诉说，犹如在欢愉地歌唱，恰似在唤起美好的回忆，又好像在安抚烦乱的思绪。踏青赏花，能领略到大自然的美，确属快事一桩！

◎夏季长白山

长白山，位于吉林省延边朝鲜族自治州安图县和白山市抚松县境内，是中朝两国的界山、中华十大名山之一、国家 5A 级风景区、关东第一山。因其主峰多白色浮石与积雪而得名，素有“千年积雪为年松，直上人间第一峰”的美誉。

每逢七八月份，应属夏季最热的时候，热浪袭人。长白山因为有着十几万公顷的原始森林，凉爽宜人，是天然的大氧吧。在良材巨木遮天蔽日的原始森林，啾啾的鸟鸣让人心旷神怡，清新的新鲜空气沁人心脾。走在蜿蜒的林间栈道上，沉浸在这巨大的天然氧吧里，享受着原始、自然的绿色森林带来的健康气息。此时的长白山天池，变幻莫测；波澜不惊时宛如处子，如蓝宝石一般晶莹剔透；风云变幻时又风起云涌。神秘的天池怪兽经常在此时不经意地出现，幸运的话，也许你还能拍到怪兽的真

你知道吗

长白山旅游注意事项

到长白山旅游的最佳时节是 7、8、9 月份，要注意的是：由于秋季多雾，所以这时来长白山要特别注意天气预报，以免看不到天池的风采。冬季是滑雪运动的最佳季节，但由于此时最低气温可达 -40℃，所以要特别注意保暖，必备物品包括：羽绒服、帽子、围巾、手套、太阳镜、雪地鞋等。在雪地里行走时，一定不要专拣小道走，而应走大路，最好再请一个当地人做向导。

夏季长白山

面目呢！

长白山

而高山苔原地带，迎风怒放的高山罂粟、牛皮杜鹃和悄然绽绿的高山苔原与积雪相伴，还如早春一般形成了一道独特的风景，这也正是长白山“一山分四季，十里不同天”垂直景观的独特之处。此时的长白瀑布雷霆万钧、飞流直下，气势恢弘，最为壮观！聚龙泉水雾弥漫，热气蒸腾，最高温度达83℃，在水里煮鸡蛋，15分钟就熟了，而且口感非常特别。夏季的西坡，高山花园仍然争奇斗艳，娇艳芬芳。大峡谷在绿色的浸染下，更显壮观、神秘。

◎九寨沟

被誉为“童话世界”的九寨沟位于中国四川省阿坝藏族羌族自治州境内的九寨沟县中南部，是长江水系嘉陵江白水河的一条支流，因景区内有荷叶、树正、则渣洼等9个藏族村寨而得名。游览区海拔2000～3100米，气候宜人，冬无寒风，夏季凉爽，四季美丽，是世界上旅游环境最佳的景区

趣味点击 九寨沟的饮食文化

在九寨沟可以品尝到洋芋糌粑、九寨柿饼、荞面饼、九寨酸菜面等风味食品。但是由于当地运输极其不便，菜的价格也就相对较高了。

民族风味食品有烤全羊、手扒牛排、杂面、洋芋糍粑、青稞酒等。

之一。

九寨沟

夏季的九寨沟掩映在苍翠欲滴的浓阴之中，五色的海子，流水梳理着翠绿的树枝与水草，银帘般的瀑布抒发四季中最为恣意的激情，温柔的风吹拂经幡，吹拂树梢，吹拂你流水一样自由的心绪。九寨沟山清水秀，湖、瀑一体，山、林、云、天倒映水中，更添水中景色。水色使山林更加青葱，山林使水色更加娇艳。梯湖水从树丛中层层跌落，泰山赤灵芝，民间称灵芝草。形成林中瀑布，湖下有瀑，瀑泻入湖，湖瀑孪生，层层叠叠，相衔相依。宁静翠蓝的湖泊和洁白飞泻的瀑布构成了静中有动、动中有静、动静结合、蓝白相间的奇景。盛夏是绿色的海洋，新绿、翠绿、浓绿、黛绿，绿得那样青翠，显出旺盛的生命力。

拓展阅读

泰山赤灵芝

多孔菌科，是一种药用真菌。外形颇似一株五彩蘑菇，“蘑菇盖”呈不规则云朵形，有环纹与辐射状的皱纹相穿插；“盖”的下面有众多的细密菌管孔洞；梗侧生于“盖”下，光泽如漆。每逢夏季，泰山气温渐高，林间相对湿度逐渐增大，阳光散射，形成泰山灵芝迅速生长的有利条件。秋末，可在柞、枫朽木桩旁采到。全株入药，有治耳聋、利关节、保神、益精气、坚盘骨、疗虚劳、滋补强壮等功能。

夏季泰山

夏季泰山要看四个奇观：泰

山日出、云海玉盘、晚霞夕照、黄河金带。

泰山日出——这是泰山最壮观的奇景之一。当黎明时分，游人站在岱顶举目远眺东方，一线晨曦由灰暗变成淡黄，又由淡黄变成橘红。而天空的云朵，红紫交辉，瞬息万变，漫天彩霞与地平线上的茫茫云海融为一体，犹如巨幅油画从天而降。浮光耀金的海面上，日轮掀开了云幕，撩开了霞帐，披着五彩霓裳，像一个飘荡的宫灯，冉冉升起在天际，须臾间，金光四射，群峰尽染，好一派壮观而神奇的海上日出。

泰山日出

云海玉盘——泰山云雾可谓呼风唤雨，变换无穷：时而山风呼啸、云雾弥漫，如坠混沌世界；俄顷黑云压城、地底兴雷，让人魂魄震动，游人遇此，无须失望，因为你将要见到云海玉盘的奇景：有时白云滚滚，如浪似雪；有时乌云翻腾，形同翻江倒海；有时白云一片，宛如千里棉絮；有时云朵填谷壑，又像连绵无垠的汪洋大海，而那座座峰峦恰似海中仙岛。站在岱顶，俯瞰下界，可见片片白云与滚滚乌云而融为一体，汇成滔滔奔流的“大海”，妙趣横生，又令人心潮起伏。

泰山云海

晚霞夕照——当夕阳西下的时候，若漫步泰山极顶，又适逢阴雨刚过，天高气爽，仰望西天，朵朵残云如峰似峦，一道道金光穿云破雾，直泻人间。在夕阳的映照下，云峰之上均镶嵌着一层金灿烂的亮边，时而闪烁着奇珍异宝殿的光辉。那五颜六色的云朵，巧夺天工，奇异莫测，如果云海在此时出现，满天的霞光则全部映照在“大海”中，那壮丽的景色、大自然生动的情趣，就更加令人陶醉了。

泰山夕照

晚霞夕照与黄河金带的神奇景色，与季节和气候有着很大的关系。为了能者充分领略和享受这一奇观美景，登泰山就必须选择恰当的旅游时机。应该说秋季最好，因为这时风和日丽、天高云淡；其次是大雨之后，残云萦绕，天晴气朗，尘埃绝少，山清水秀。你尽可放目四野，饱览“江山如此多娇”的秀容美貌。

第六节　古代诗词里的“夏”

竹枝词

刘禹锡

杨柳青青江水平，闻郎江上唱歌声。

东边日出西边雨，道是无晴却有晴。

知识小链接

刘禹锡

刘禹锡（772—842），字梦得，唐朝彭城人，祖籍洛阳，唐朝文学家、哲学家。自称是汉中山靖王后裔，曾任监察御史，是王叔文政治改革集团的一员。唐代中晚期著名诗人，有“诗豪”之称。他的家庭是一个世代以儒学相传的书香门第。政治上主张革新，是王叔文派政治革新活动的中心人物之一。后来永贞革新失败被贬为朗州司马（今湖南常德）。

【注解】

竹枝词：古代四川的民歌。

唱：亦作“踏”，“踏歌”，唱歌以脚踏地为节拍。

晴：与“情”同音，谐音双关。这一句语意双关，既写江上晴雨天气，又写出了好的心情。

【赏析】

这首诗采用了民间情歌常用的双关的手法，含蓄地表达出微妙的恋情。诗的语言通俗而雅致，优美而质朴，音调悠扬而婉转。

开头就用“杨柳”这一传统意象渲染环境，杨柳绽青，江水平堤，显见是极易撩人情思的早春季节。少女所见：春光明媚，杨柳青青，江中流水，平如镜面，环境极美；少女所闻：在这令人陶醉的美景中，她忽然听到江上传来熟悉的歌声，情不自禁地举目眺寻。“东边日出西边雨，道是无晴还有晴”，以天气之“无晴”与“有晴”，谐人之“无情”与“有情”。把女主人公爱上了一个人，但对方尚未表态，时而惊喜，继而疑虑，终而迷茫，都融合在“道是无晴（情）还是晴（情)”中。见、闻、感自然流畅地融合，一个初恋少女的思情、盼情、羞情的心态便跃然纸上，把这种心态、写得极为关切、细腻，也极容易引起共鸣。

饮湖上初晴后雨

苏 轼

水光潋滟晴方好，山色空蒙雨亦奇。
欲把西湖比西子，淡妆浓抹总相宜。

【注解】

饮湖上：在西湖的船上饮酒。

潋滟：水波荡漾、波光闪动的样子。

方好：正显得美。

基本小知识

苏轼

苏轼（1037—1101），北宋文学家、书画家。字子瞻，又字和仲，号东坡居士。眉州眉山（今属四川）人。与父苏洵、弟苏辙合称“三苏”。他在文学艺术方面堪称全才。其文汪洋恣肆，明白畅达，与欧阳修并称欧苏，为唐宋八大家之一；诗清新豪健，善用夸张比喻，在艺术表现方面独具风格，与黄庭坚并称苏黄；词开豪放一派，对后代很有影响，与辛弃疾并称苏辛；书法擅长行书、楷书，能自创新意，用笔丰腴跌宕，有天真烂漫之趣，与黄庭坚、米芾、蔡襄并称宋四家；画学文同，喜作枯木怪石，论画主张神似。诗文有《东坡七集》等，词有《东坡乐府》。

空蒙：细雨迷茫的样子。

亦：也。

奇：奇妙。

欲：如果。

西子：即西施，春秋时代越国著名的美女。

总相宜：总是很合适，十分自然。

【赏析】

《饮湖上初晴后雨》写于诗人任杭州通判期间。原作有两首，这是第二首。

这是一首赞美西湖美景的诗，也是一首写景状物的诗。本诗通过一次晴雨变化，对西湖做出了总体评价。晴天的西湖是一种美，雨中又别有情趣，是另一种美，二者各有千秋。诗人灵机一动，把西湖比作美女西施。西湖和西施仅一字之差，仿佛有着天然的联系，诗人信手拈来，涉笔成趣。这个比喻非常成功，直到今天，人们还经常把西湖称作“西子湖”。

小池

杨万里

泉眼无声惜细流，树阴照水爱晴柔。

小荷才露尖尖角，早有蜻蜓立上头。

【注解】

泉眼：泉水的出口。

惜：爱惜。

晴柔：晴天里柔和的风光。

小荷：指刚刚长出水面的嫩荷花。

尖尖角：还没有展开的嫩荷花的尖端。

知识小链接

杨万里

杨万里（1127—1206）字廷秀，号诚斋。江西吉州人（今江西省吉水县黄桥镇湴塘村）。南宋大诗人。绍兴二十四年（1154）进士。历任国子博士、太常博士，太常丞兼吏部右侍郎，提举广东常平茶盐公事，广东提点刑狱，吏部员外郎等。反对以铁钱行于江南诸郡，改知赣州，不赴，辞官归家，闲居乡里。在中国文学史上，与陆游、范成大、尤袤并称“南宋四家”、“中兴四大诗人”。他作诗20000多首，只有少数传下来。

【赏析】

《小池》是一首描写初夏池塘美丽景色的、清新的小品。诗人用朴实的语言展示了初夏的明媚风光，一切是那样的细、那样的柔、那样的富有情意，行行是诗，句句如画，自然朴实，真切感人。

村晚

雷　震

草满池塘水满陂，山衔落日浸寒漪。

牧童归去横牛背，短笛无腔信口吹。

知识小链接

雷震

雷震青年时赴日本留学，并于 1917 年加入中华革命党。1923 年他毕业于京都帝国大学政治学系，旋即进入大学院攻读宪法。1926 年他回到中国，曾任中学校长，随即转任国民政府法制局编审，为王世杰之部属，1932 年担任中国国民党南京党代表大会主席团主席，1934 年 7 月起担任教育部总务司司长。在抗日战争中他获得蒋介石的信任和提拔，担任国民参政会副秘书长等职。

【注解】

陂（bēi）：指山坡。

衔：口里含着。

浸：淹没。

漪：指细细的水波。

横牛背：横坐在牛背上。

腔：曲调。

信口：随口。

【赏析】

这是一首描写农村晚景的诗，季节在夏末秋初。四周长满青草的池塘里，池水灌得满满的，太阳正要落山，红红的火球好像被山口咬住一样，倒映在冰凉的池水波纹中。牧童回村，横坐在牛背上，手拿短笛，悠闲地随口乱吹，谁也听不出是什么曲调。

诗人带着一种欣赏的目光去看牧童，他十分满足于这样一种自然风光优美、人的生活自由自在的环境，所以他写牧童，让其“横牛背”。吹笛呢，则是“无腔信口”。总之，这首诗描绘的确实是一幅悠然超凡、世外桃源般的画面，无论是色彩的搭配，还是背景与主角的布局，都非常协调，而画中之景、画外之声，又给人一种恬静悠远的美好感觉。

第七节　描写夏季的现代散文

雷雨前

茅　盾

清早起来，就走到那座小石桥上。摸一摸桥石，竟像还带点热。昨天整天里没有一丝儿风。晚天边响了一阵子干雷，也没有风，这一夜就闷得比白天还厉害。天快亮的时候，这桥上还有两三个人躺着，也许就是他们把这些石头又困得热烘烘。

知识小链接

茅盾

茅盾，原名沈德鸿，字雁冰。浙江桐乡人。

中国现代著名作家、文学评论家、文化活动家以及社会活动家，五四新文化运动先驱者之一，我国革命文艺奠基人之一。1896 年 7 月 4 日生于浙江桐乡县乌镇，这是个太湖南部的鱼米之乡，是近代以来中国农业最为发达之区，它毗邻着现代化的上海，又是人文荟萃的地方，这里成就了茅盾勇于面向世界的开放的文化心态，以及精致入微的笔风。到了“文化大革命”时期，稍稍平稳便秘密写作《霜叶红似二月花》的“续稿”和回忆录《我走过的道路》。茅盾于 1981 年 3 月 27 日辞世。

满天里张着个灰色的幔，看不见太阳。然而太阳的威力好像透过了那灰色的幔，直逼着你头顶。

河里连一滴水也没有了，河中心的泥土也裂成乌龟壳似的。田里呢，早就像开了无数的小沟，——有两尺多阔的，你能说不像沟么？那些苍白色的泥土，干硬得就跟水门汀差不多，好像它们过了一夜工夫还不曾把白天吸下去的热气吐完，这时它们那些扁长的嘴巴里似乎有白烟一样的东西往上冒。

站在桥上的人就同浑身的毛孔全都闭住，心口泛淘淘，像要呕出什么来。

雷雨前

这一天上午，天空老张着那灰色的幔，没有一点点漏洞，也没有动一动。也许幔外边有的是风，但我们罩在这幔里的，把鸡毛从桥头抛下去，也没见它飘飘扬扬踱方步。就跟住在抽出了空气的大筒里似的，人张开两臂用力行一次深呼吸，可是吸进来只是热辣辣的一股闷气。

汗呢，只管钻出来，钻出来，可是胶水一样，胶得你浑身不爽快，像结了一层壳。

午后三点钟光景，人像快要干死的鱼，张开了一张嘴，忽然天空那灰色的幔裂了一条缝！不折不扣一条缝！像明晃晃的刀口在这幔上划过。然而划过了，幔又合拢，跟没有划过的时候一样，透不进一丝儿风。一会儿，长空一闪，又是那灰色的幔裂了一次缝。然而中什么用？

像有一只巨人的手拿着明晃晃的大刀在外边想挑破那灰色的幔，像是这巨人已在咆哮发怒越来越紧了，一闪一闪满天空瞥过那大刀的光亮，隆隆隆，幔外边来了巨大的愤怒的吼声！

猛可地闪光和吼声都没有了，还是一张密不通风的灰色的幔！

空气比以前加倍闷！那幔比以前加倍厚！天加倍黑！

你会猜想这时那幔外边的巨人在揩着汗，歇一口气；你断得定他还要进攻。你焦躁地等着，等着那挑破灰色幔的大刀的一闪电光，那隆隆隆的怒吼声。

可是你等着，等着，却等来了苍蝇。它们从龌龊的地方飞出来，嗡嗡嗡的，绕住你，叮你的涂一层胶似的皮肤。戴红顶子像个大员模样的金苍蝇刚从粪坑里吃饱了来，专拣你的鼻子尖上蹲。

也等来了蚊子。哼哼哼地，像老和尚念经，或者老秀才读古文。苍蝇给你传染病，蚊子却老是要喝你的血呢！

你跳起来拿着蒲扇乱扑，可是赶走了这一边的，那一边又是一大群乘隙进攻。你大声叫喊，它们只回答你个哼哼哼，嗡嗡嗡！

外边树梢头的蝉儿却在那里唱高调："要死哟！要死哟！"

你汗也流尽了，嘴里干得像烧，你手里也软了，你会觉得世界末日也不会比这再坏！

然而猛可地电光一闪，照得屋角里都雪亮。幔外边的巨人一下子把那灰色的幔扯得粉碎了！轰隆隆，轰隆隆，他胜利地叫着。胡——胡——挡在幔外边整整两天的风开足了超高速度扑来了！蝉儿噤声，苍蝇逃走，蚊子躲起来，人身上像剥落了一层壳那么一爽。

霍！霍！霍！巨人的刀光在长空飞舞。

轰隆隆，轰隆隆，再急些！再响些吧！

让大雷雨冲洗出个干净清凉的世界！

这篇文章从雷雨来临前的描写角度，写出了夏季典型的天气——雷雨带来的沉闷压抑感受。如写“清早”的氛围：闷热、无风，露宿的人、灰白的幔，河干、土硬还像在“吐热气”。写“这一天上午”的氛围：幔外也许有风而幔纹丝不动所造成的“热辣辣的一股闷”，汗腻胶着皮肤像结成了一层壳，真实地再现了随时间推移，热闷增强、压抑郁闷的气氛也随之增浓的真切情景，让人身临其境地感受到夏季雷雨来临前的气氛。

桨声灯影里的秦淮河（节选）

俞平伯

时有小小的艇子急忙忙打桨，向灯影的密流里横冲直撞。冷静孤独的油灯映见黯淡久的画船头上，秦淮河姑娘们的靓妆。茉莉的香，白兰花的香，脂粉的香，纱衣裳的香……微波泛滥出甜的暗香，随着她们那些船儿荡，随着我们这船儿荡，随着大大小小一切的船儿荡。有的互相笑语，有的默然不响，有的衬着胡琴亮着嗓子唱。一个，三两个，五六七个，比肩坐在船头的两旁，也无非多添些淡薄的影儿葬在我们的心上——太过火了，不至于罢，早消失在我们的眼皮上。谁都是这样急忙忙的打着桨，谁都是这样向灯影的密流里冲着撞；又何况久沉沦的她们，又何况漂泊惯的我们俩。当时浅浅的醉，今朝空空的惆怅；老实说，咱们萍泛的绮思不过如此而已，至多也不过如此而已。你且别讲，你且别想！这无非是梦中的电光，这无非是无明的幻相，这无非是以零星的火种微炎在大欲的根苗上。扮戏的咱们，散了场一个样，然而，上场锣，下场锣，天天忙，人人忙。看！吓！载送女郎的艇子才过去，货郎担的小船不是又来了？一盏小煤油灯，一舱的什物，他也忙得来像手里的摇铃，这样丁冬而郎当。

杨枝绿影下有条华灯璀璨的彩舫在那边停泊。我们那船不禁也依傍短柳的腰肢，欹侧地歇了。游客们的大船，歌女们的艇子，靠着。唱的拉着嗓子；听的歪着头，斜着眼，有的甚至于跳过她们的船头。如那时有严重些的声音，必然说："这哪里是什么旖旎风光！"咱们真是不知道，只模糊地觉着在秦淮河船上板起方正的脸是怪不好意思的。咱们本是在旅馆里，为什么不早早入睡，掂着牙儿，领略那"卧后清宵细细长"；而偏这样急急忙忙跑到河上来无聊浪荡？还说那时的话，从杨柳枝的乱鬓里所得的境界，照规矩，外带三分风华的。况且今宵此地，动荡着有灯火的明姿。况且今宵此地，又是圆月欲缺未缺，欲上未上的黄昏时候。叮当的小锣，伊轧的胡琴，沉填的大鼓……弦吹声腾沸遍了三里的秦淮河。喳喳嚷嚷的一片，分不出谁是谁，分不出那儿是那儿，只有整个的繁喧来把我们包填。仿佛都抢着说笑，这儿夜夜尽是如此的，不过初上城的乡下老是第一次呢。真是乡下人，真是第一次。

基本小知识

俞平伯

俞平伯（1900—1990），原名俞铭衡，字平伯。现代诗人、作家、红学家。清代朴学大师俞樾曾孙。与胡适并称"新红学派"的创始人。他出身名门，早年以新诗人、散文家享誉文坛。他积极参加五四新文化运动，精研中国古典文学，执教于著名学府，是一位热忱的爱国者和具有高尚情操的知识分子。

前面已是复成桥。青溪之东，暗碧的树梢上面微耀着一桁的清光。我们的船就缚在枯柳桩边待月。其时河心里晃荡着的，河岸头歇泊着的各式灯船，望去，少说点也有十廿来只。惟不觉繁喧，只添我们以幽甜。虽同是灯船，虽同是秦淮，虽同是我们；却是灯影淡了，河水静了，我们倦了，——况且月儿将上了。灯影里的昏黄，和月下灯影里的昏黄原是不相似的，又何况入倦的眼中所见的昏黄呢。灯光所以映她的秾姿，月华所以洗她的秀骨，以蓬腾的心焰跳舞她的盛年，以饧涩的眼波供养她的迟暮。必如此，才会有圆足的醉，圆足的恋，圆足的颓弛，成熟了我们的心田。

犹未下弦，一丸鹅蛋似的月，被纤柔的云丝们簇拥上了一碧的遥天。冉冉地行来，冷冷地照着秦淮。我们已打桨而徐归了。归途的感念，这一个黄昏里，心和境的交萦互染，其繁密殊超我们的言说。主心主物的哲思，依我外行人看，实在把事情说得太嫌简单，太嫌容易，太嫌分明了。实有的只是浑然之感。就论这一次秦淮夜泛罢，从来处来，从去处去，分析其间的成因自然亦是可能；不过求得圆满足尽的解析，使片段的因子们合拢来代替刹那间所体验的实有，这个我觉得有点不可能，至少于现在的我们是如此的。凡上所叙，请读者们只看作我归来后，回忆中所偶然留下的千百分之一二，微薄的残影。若所谓“当时之感”，我绝不敢望诸君能在此中窥得。即我自己虽正在这儿执笔构思，实在也无从重新体验出那时的情景。说老实话，我所有的只是忆。我告诸君的只是忆中的秦淮夜泛。至于说到那“当时之感”，这应当去请教当时的我。而他久飞升了，无所存在。

……

凉月凉风之下，我们背着秦淮河走去，悄默是当然的事了。如回头，河中的繁灯想定是依然。我们却早已走得远，“灯火未阑人散”；佩弦，诸君，我记得这就是在南京四日的酣嬉，将分手时的前夜。

一九二三，八，二二，北京。

在四季中，夏季的夜晚是最让人难忘的了，因为昼间太阳的热气散去后，夜晚是最怡人。我们都有这样的夏夜回忆，或是纳凉闲话，或是游街。而这篇文章就写了作者在夏夜游秦淮河的回忆。月下的秦淮河，灯影下的秦淮河，桨声里的秦淮河，歌声里的秦淮河，与朋友闲话中的秦淮河，无一不充满诗意。谁能否认，当我们回忆起那些夏夜里的场景，不都是带着诗意的浪漫情怀？

囚绿记

陆　蠡

这是去年夏间的事情。

我住在北平的一家公寓里，我占据着高广不过一丈的小房间，砖铺的潮湿的地面，纸糊的墙壁和天花板，两扇木格子嵌玻璃的窗，窗上有很灵巧的纸卷帘，这在南方是少见的。

知识小链接

陆蠡

陆蠡，学名陆圣泉，原名陆考原。现代散文家、革命家、翻译家。天台平镇岩头下村人。资质聪颖，童年即通诗文，有“神童”之称。他的文学成就主要在散文方面。曾翻译俄国屠格涅夫的《罗亭》，英国笛福的《鲁滨逊漂流记》，法国拉封丹的《寓言诗》和法国拉马丁的《希腊神话》。

窗是朝东的。北方的夏季天亮得快，早晨五点钟左右太阳便照进我的小屋，把可畏的光线射个满室，直到十一点半才退出，令人感到炎热。这公寓里还有几间空房子，我原有选择的自由的，但我终于选定了这朝东房间，我怀着喜悦而满足的心情占有它，那是有一个小小理由。

这房间靠南的墙壁上，有一个小圆窗，直径一尺左右。窗是圆的，却嵌着一块六角形的玻璃，并且左下角是打碎了，留下一个大孔隙，手可以随意伸进伸出。圆窗外面长着常春藤。当太阳照过它繁密的枝叶，透到我房里来的时候，便有一片绿影，我便是欢喜这片绿影才选定这房间的。

当公寓里的伙计替我提了随身小提箱，领我到这房间来的时候，我瞥见这绿影，感觉到一种喜悦，便毫不犹疑地决定了下来，这样的了截爽直使公寓里伙计都惊奇了。

绿色是多宝贵的啊！它是生命，它是希望，它是慰安，它是快乐。我怀念着绿色把我的心等焦了。我欢喜看水白，我欢喜看草绿。我疲累于灰暗的都市的天空和黄漠的平原，我怀念着绿色，如同涸辙的鱼盼等着雨水！我急不暇择的心情即使一枝之绿也视同至宝。当我在这小房中安顿下来，我移徙小台子到圆窗下，让我面朝墙壁和小窗。门虽是常开着，可没人来打扰我，因为在这古城中我是孤独而陌生。

但我并不感到孤独。我忘记了困倦的旅程和已往的许多不快的记忆。我望着这小圆洞，绿叶和我对语。我了解自然无声的语言，正如它了解我的语言一样。

我快活地坐在我的窗前。度过了一个月，两个月，我留恋于这片绿色。我开始了解渡越沙漠者望见绿洲的欢喜，我开始了解航海的冒险家望见海面飘来花草的茎叶的欢喜。人是在自然中生长的，绿是自然的颜色。

我天天望着窗口常春藤的生长。看它怎样伸开柔软的卷须，攀住一根缘引它的绳索，或一茎枯枝；看它怎样舒开折叠着的嫩叶，渐渐变青，渐渐变老。我细细观赏它纤细的脉络，嫩芽，我以揠苗助长的心情，巴不得它长得快，长得茂绿。下雨的时候，我爱它淅沥的声音，婆娑的摆舞。

忽然有一种自私的念头触动了我。我从破碎的窗口伸出手去，把两枝浆液丰富的柔条牵进我的屋子里来，叫它伸长到我的书案上，让绿色和我更接近，更亲密。我拿绿色来装饰我这简陋的房间，装饰我过于抑郁的心情。我要借绿色来比喻葱茏的爱和幸福，我要借绿色来比喻猗郁的年华。我囚住这绿色如同幽囚一只小鸟，要它为我作无声的歌唱。

绿的枝条悬垂在我的案前了。它依旧伸长，依旧攀缘，依旧舒放，并且比在外边长得更快。我好像发现了一种"生的欢喜"，超过了任何种的喜悦。从前我有个时候，住在乡间的一所草屋里，地面是新铺的泥土，未除净的草根在我的床下茁出嫩绿的芽苗，蕈菌在地角上生长，我不忍加以剪除。

后来一个友人一边说一边笑，替我拔这些野草，我心里还以为可惜，倒怪他多事似的。

可是每天早晨，我起来观看这被幽囚的"绿友"时，它的尖端总朝着窗外的方向。甚至于一枚细叶，一茎卷须，都朝原来的方向。植物是多固执啊！它不了解我对它的爱抚，我对它的善意。

我为了这永远向着阳光生长的植物不快，因为它损害了我的自尊心。可是我囚系住它，仍旧让柔弱的枝叶垂在我的案前。

它渐渐失去了青苍的颜色，变得柔绿，变成嫩黄；枝条变成细瘦，变成娇弱，好像病了的孩子。我渐渐不能原谅我自己的过失，把天空底下的植物移锁到暗黑的室内；我渐渐为这病损的枝叶可怜，虽则我恼怒它的固执，无亲热，我仍旧不放走它。魔念在我心中生长了。

我原是打算七月尾就回南去的。我计算着我的归期，计算这"绿囚"出牢的日子。在我离开的时候，便是它恢复自由的时候。

卢沟桥事件发生了。担心我的朋友电催我赶速南归。我不得不变更我的计划；在七月中旬，不能再流连于烽烟四逼中的旧都，火车已经断了数天，我每日须得留心开车的消息。终于在一天早晨候到了。临行时我珍重地开释了这永不屈服于黑暗的囚人。我把瘦黄的枝叶放在原来的位置上，向它致诚意的祝福，愿它繁茂苍绿。

离开北平一年了。我怀念着我的圆窗和绿友。有一天，得重和它们见面的时候，会和我面生么？

在夏季，最让人心旷神怡的是那一抹浓郁的绿色。这篇散文就写了作者在一个夏季与绿色的邂逅。

绿，象征着希望，象征着生命，这小小的常春藤装点了作者阴暗的小书房，给作者带来精神上的抚慰，驱散了作者忧郁的情绪。这不正是夏季给人的感觉吗？无论炎热带来的心烦气躁，还是雷雨带来的郁闷，只要我们看到那夏季阳光或是雨水中的翡翠般的绿叶，我们的心情总会好起来，燃起活力，燃起对生命的渴望。

成熟之秋

秋季是四季之一，很多植物的果实在秋季成熟。秋季到来之后，温度渐降，秋风送爽、炎暑顿消、硕果满枝、满野金黄。同时，许多植物的叶子会渐渐变色、枯萎、飘落，只留下枝干度过冬天。

杜甫用“远岸秋沙白，连山晚照红”来描摹秋季，可见在他的眼中，秋季是美的。同样，许多人都喜欢秋季，不仅因为它是一个收获的季节，还因为它是最温和、最讨喜的季节，放眼望去满地金黄的落叶，柔和的天气，适量的阳光，最适合户外远游，怎叫人不心生欣喜？

第一节 秋季里的节气和养生

秋季里的节气有：立秋、处暑、白露、秋分、寒露、霜降。

◎立 秋

每年8月7日或8日视太阳到达黄经135°时为立秋。立秋又称交秋，立秋一般预示着炎热的夏天即将过去，秋天即将来临。立秋后虽然一时暑气难消，还有“秋老虎”的余威，但总的趋势是天气逐渐凉爽。由于全国各地气候不同，秋季开始时间也不一致。气候学上以每5天的日平均气温稳定下降到22℃以下的始日作为秋季开始，这种划分方法比较符合各地实际，但与黄河中下游立秋日期相差较大。

趣味点击　摸　秋

立秋的这天夜里婚后尚未生育的妇女，在小姑或其他女伴的陪同下，到田野瓜架、豆棚下，暗中摸索摘取瓜豆，故名摸秋。俗谓摸南瓜，易生男孩；摸扁豆，易生女孩；摸到白扁豆更吉利，除生女孩外，还是白头到老的好兆头。按照传统风俗，是夜瓜豆任人采摘，田园主人不得责怪。姑嫂归家再迟，家长也不许非难。此俗清代以前就有，民国以来仍流传在民间。

立秋以后，我国中部地区早稻收割，晚稻移栽，大秋作物进入重要生长发育时期。秋的意思是暑去凉来，秋天开始。古人把立秋当作夏秋之交的重要时刻，一直很重视这个节气。

立秋之季已是天高气爽之时，应开始“早卧早起，与鸡具兴”。早卧以顺应阳气之收敛，早起使肺气得以舒展，且防收敛之太过。立秋乃初秋之季，暑热未尽，虽有凉风时至，但天气变化无常，即使在同一地区也会出现“一天有四季，十里不同天”的情况。因而着衣不宜太多，否则会影响机体对气候转冷的适应能力，易受凉感冒。

◎处　暑

处暑节气在每年 8 月 23 日左右。全国华南处暑平均气温一般较立秋降低 1.5℃左右，个别年份 8 月下旬华南西部可能出现连续三天以上日平均气温在 23℃以下的低温，影响杂交水稻开花。但是，由于华南处暑时仍基本上受夏季风控制，所以还常有华南西部最高气温高于 30℃、华南东部高于 35℃的天气出现。特别是长江沿岸低海拔地区，在伏旱延续的年份里，更感到“秋老虎”的余威。西北高原进入处暑秋意正浓，海拔 3500 米以上已呈初冬景象，牧草渐萎，霜雪日增。

拓展阅读

开渔节

对于沿海渔民来说，处暑以后渔业收获的时节。每年处暑期间，在浙江省沿海都要举行一年一度的隆重的开渔节，决定在东海休渔结束的那一天，举行盛大的开渔仪式，欢送渔民开船出海。2006 年第九届中国开渔节，在 9 月 6 日浙江省象山县举行。因为这时海域水温依然偏高，鱼群还是会停留在海域周围，鱼虾贝类发育成熟。因此，从这一时间开始，人们往往可以享受到种类繁多的海鲜。

不宜急于增加衣服。“春捂秋冻”之意，是让体温在秋时勿高，以利于收敛阳气。因为热往外走之时，必有寒交换进去。但是，夜里外出要增加衣服，以保护阳气。睡觉夜寝提示：应关好门窗，腹部盖薄被，防止秋风流通使脾胃受凉。白天只要室温不高不宜开空调。可开窗使空气流动，让秋杀之气荡涤暑期热潮留在房内的湿浊之气。

◎白　露

每年公历的 9 月 7 日前后是白露。气温开始下降，天气转凉，早晨草木上有了露水。白露实际上是表征天气已经转凉。这时，人们就会明显地感觉到炎热的夏天已过，而凉爽的秋天已经到来了。因为白天的温度虽然仍达三十几度，可是夜晚之后，就下降到二十几度，两者之间的温度差达十多度。

拓展阅读

白露农事

白露时节冷空气日趋活跃，常出现秋季低温天气，影响晚稻抽穗扬花，因此要预防低温冷害和病虫害。冷空气入侵时，可采用灌水保温，低温之前灌水二寸以上，可增温 1℃ ~ 2℃。低温来时，晴天可日排夜灌浅水；阴雨天则要灌厚水；一般天气应干干湿湿，以湿为主。这个节气暑气渐消，秋高气爽，玉露生凉，丹桂飘香，是黄金旅游季节。“白露”正处夏、秋转折关头，气温日际变化大，“白露身不露”，老、弱、病者要更注意适时增减衣服，以防受凉。

按气候学划分四季的标准，时序开始进入秋季。华南秋雨多出现于白露至霜降前，以岷江、青衣江中下游地区最多，华南中部相对较少。华南白露期间日照较处暑骤减一半左右，递减趋势一直持续到冬季。白露时节的上述气候特点，对晚稻抽穗扬花和棉桃爆桃是不利的，也影响中稻的收割和翻晒，所以农谚有“白露天气晴，谷米白如银”的说法。充分认识白露气候特点，

白　露

并且采取相应的农技措施，才能减轻或避免秋雨危害。另一方面，也要趁雨抓紧蓄水，特别是华南东部的白露是继小满、夏至后又一个雨量较多的节气，更不要错过良好时机。

白露节气已是真正的凉爽季节的开始，很多人在调养身体时一味地强调海鲜肉类等营养品的进补，而忽略了季节性的易发病，给自已和家人造成了机体的损伤，影响了学习和工作。在白露节气中要避免鼻腔疾病、哮喘病和支气管病的发生。特别是对于那些因体质过敏而引发的上述疾病，在饮食调节上更要慎重。凡是因过敏引发的支气管哮喘的病人，平时应少吃或不吃鱼虾海鲜、生冷炙烩腌菜、辛辣酸咸甘肥的食物，如带鱼、螃蟹、虾类、韭菜花、黄花、胡椒等，宜以清淡、易消化且富含维生素的食物。

广角镜

秋分农事

秋季降温快的特点，使得秋收、秋耕、秋种的三秋大忙显得格外紧张。秋分棉花吐絮，烟叶也由绿变黄，正是收获的大好时机。华北地区已开始播种冬麦，长江流域及南部广大地区正忙着晚稻的收割，抢晴耕翻土地，准备油菜播种。秋分时节的干旱少雨或连绵阴雨是影响三秋正常进行的主要不利因素，特别是连阴雨会使即将到手的作物倒伏、霉烂或发芽，造成严重损失。三秋大忙，贵在“早”字。及时抢收秋收作物可免受早霜冻和连阴雨的危害，适时早播冬作物可争取充分利用冬前的热量资源，培育壮苗安全越冬，为来年奠定下丰产的基础。

◎秋　分

每年的 9 月 22 日或 24 日太

阳在这一天到达黄经 180°，直射地球赤道，是秋分节气。这一天 24 小时昼夜均分，各 12 小时。从秋分这一天起，气候主要呈现三大特点：阳光直射的位置继续由赤道向南半球推移，北半球昼短夜长的现象将越来越明显，白天逐渐变短，黑夜变长；昼夜温差逐渐加大，幅度将高于 10℃以上；气温逐日下降，一天比一天冷，逐渐步入深秋季节。南半球的情况则正好相反。

秋分棉花吐絮，烟叶也由绿变黄，正是收获的大好时机。及时抢收秋收作物可免受早霜冻和连阴雨的危害，适时早播冬作物可争取充分利用冬前的热量资源，培育壮苗安全越冬，为来年奠定下丰产的基础。

秋季气候渐转干燥，日照减少，气温渐降，人们的情绪未免有些垂暮之感。这时，人们应保持神志安宁，减缓秋肃杀之气对人体的影响，收敛神气，以适应秋天容平之气。同时精神情绪上要看到积极的一面，金秋季节时，天高气爽，是开展各种运动锻炼的好时机。登山、慢跑、散步、打球、游泳、洗冷水浴或练五禽戏、打太极拳、做八段锦、练健身操等。

◎寒　露

每年 10 月 8 日或 9 日是太阳到达黄经 195°时为寒露。寒露的意思是气温比白露时更低，地面的露水更冷，快要凝结成霜了。寒露时节，南岭及以北的广大地区均已进入秋季，东北和西北地区已进入或即将进入冬季。首都北京大部分年份这时已可见初霜，除全年飞雪的青藏高原外，东北和新疆北部地区一般已开始

你知道吗

寒露风俗

白露后，天气转凉，开始出现露水，到了寒露，则露水增多，且气温更低。此时我国有些地区会出现霜冻，北方已呈深秋景象，白云红叶，偶见早霜，南方也秋意渐浓，蝉噤荷残。北京人登高习俗更盛，景山公园、八大处、香山等都是登高的好地方，重九登高节，更会吸引众多的游人。

降雪。

趁天晴要抓紧采收棉花，遇降温早的年份，还可以趁气温不算太低时把棉花收回来。江淮及江南的单季晚稻即将成熟，双季晚稻正在灌浆，要注意间歇灌溉，保持田间湿润。南方稻区还要注意防御“寒露风”的危害。华北地区要抓紧播种小麦，这时，若遇干旱少雨的天气应设法造墒抢墒播种，保证在霜降前后播完，切不可被动等雨导致早茬种晚麦。

寒露以后，随着气温的不断下降，感冒是最易流行的疾病在气温下降和空气干燥时，感冒病毒的致病力增强。此时很多疾病的发生会危及老年人的生命，其中最应警惕的是心脑血管病。另外，中风、老年慢性支气管炎复发、哮喘病复发、肺炎等疾病也严重地威胁着老年人的生命安全。

◎霜　降

每年阳历 10 月 23 日前后，太阳到达黄经 210°时为霜降。霜降表示天气更冷了，露水凝结成霜。

北方大部分地区已在秋收扫尾，即使耐寒的葱，也不能再长了，因为“霜降不起葱，越长越要空”。在南方，却是三秋大忙季节，单季杂交稻、晚稻才在收割，种早茬麦，栽早茬油菜；摘棉花，拔除棉秸，耕翻整地。“满地秸秆拔个尽，来年少生虫和病”。收获以后的庄稼地，都要及时把秸秆、根茬收回来，因为那里潜藏着许

霜

多越冬虫卵和病菌。

霜降作为秋季的最后一个节气，此时天气渐凉，秋燥明显，燥易伤津。霜降养生首先要重视保暖，其次要防秋燥，运动量可适当加大。饮食调养方面，此时宜平补，要注意健脾养胃、调补肝肾，可多吃健脾养阴润燥的食物，玉蜀黍、萝卜、栗子、秋梨、百合、蜂蜜、淮山、奶白菜、牛肉、鸡肉、泥鳅等都不错。

知识小链接

阳历

阳历又叫太阳历，是以地球绕太阳公转的运动周期为基础而制定的历法。太阳历的历年近似等于回归年，一年12个月，这个“月”，实际上与朔望月无关。阳历的月份、日期都与太阳在黄道上的位置较好地符合，根据阳历的日期，在一年中可以明显看出四季寒暖变化的情况；但在每个月份中，看不出月亮的朔、望、两弦。如今世界通行的公历就是一种阳历，平年365天，闰年366天，每四年一闰，每满百年少闰一次，到第四百年再闰，即每四百年中有97个闰年。公历的历年平均长度与回归年只有26秒之差，要累积3300年才差一日。

第二节　秋季里的节日和习俗

◎七　夕

七夕，指农历七月初七的晚上，是中国传统节日之一，有人称之为中国的“情人节”。神话传说，天上的牛郎、织女每年在这个晚上相会。

牛郎织女

相传在很早以前，南阳城西牛家庄里有个聪明、忠厚的小伙子，父母早亡，只好跟着哥哥嫂子度日，嫂子马氏为人狠毒，经常虐待他，逼他干很多的活，一年秋天，嫂子逼他去放牛，给他 9 头牛，却让他等有了 10 头牛时才能回家，牛郎无奈只好赶着牛出了村。

知识小链接

韩国七夕

韩国文学家崔南善在《朝鲜常识》中记载，七夕原来是中国的习俗，后传到了韩国，恭愍王跟蒙古王后一起祭拜牛郎星和织女星，并在那天把俸禄送给百官们。

韩国七夕最具代表性的风俗就是祈求织女星，希望自己也跟织女一样有着灵巧的手、织布织得更好。当天早晨妇女们把香瓜、黄瓜等瓜果放在桌子上磕头祈求，让女人们织布的手艺越来越好。韩国七夕的另一个重要事宜就是祭祀，祭祀可分为家庭祭祀和集体祭祀两种。韩国女性要在祭台放上干净的井水，牛郎织女不再成为祭祀对象，她们主要是为了祈求亲朋好友的平安。有些地方则举行祈求丰收的田祭。

韩国的七夕饮食也有讲究，传统食品有面条、麦煎饼，还有蒸糕。

有一位须发皆白的老人告诉他找到一只老牛。他看到老牛病得厉害，就去给老牛打来一捆捆草，一连喂了 3 天，老牛吃饱了，才抬起头告诉他：自己本是天上的灰牛大仙，因触犯了天规被贬下天来，摔坏了腿，无法动弹。自己的伤需要用百花的露水洗一个月才能好，牛郎不畏辛苦，细心地照料了老牛一个月，白天为老牛采花接露水治伤，晚上依偎在老牛身边睡觉，到老牛病好后，牛郎高高兴兴赶着 10 头牛回了家。一天，天上的织女和诸仙女一起下凡游戏，在河里洗澡，牛郎在老牛的帮助下认识了织女，二人互生情意，后来织女便偷偷下凡，来到人间，做了牛郎的妻子。牛郎和织女结婚后，男耕女织，情深意重，他们生了一男一女两个孩子，一家人生活得很幸福。但是好景不长，这事很快便让天帝知道，王母娘娘亲自下凡来，强行把织女带回天上，恩爱夫妻被拆散。

牛郎上天无路，还是老牛告诉牛郎，在它死后，可以用它的皮做成鞋，穿着就可以上天。牛郎按照老牛的话做了，穿上牛皮做的鞋，拉着自己的儿女，一起腾云驾雾上天去追织女，眼见就要追到了，岂知王母娘娘拔下头上的金簪一挥，一道波涛汹涌的天河就出现了，牛郎和织女被隔在两岸，只能相对哭泣流泪。他们的忠贞爱情感动了喜鹊，千万只喜鹊飞来，搭成鹊桥，让牛郎织女走上鹊桥相会，王母娘娘对此也无奈，只好允许两人在每年七月七日于鹊桥相会。

后来，每到农历七月初七，相传牛郎织女鹊桥相会的日子，姑娘们就会来到花前月下，抬头仰望星空，寻找银河两边的牛郎星和织女星，希望能看到他们一年一度的相会，乞求上天能让自己像织女那样心灵手巧，祈祷自己能有如意称心的美满婚姻，由此形成了七夕节。

◎中元祭“鬼”

农历七月是台湾人俗称的“鬼月”，而基隆最著名的中元祭，则被称为是“台湾鬼节”。基隆（鸡笼）中元祭，从进入农历七月开始到八月初一关龛门，前后长达一个月时间，鬼节最高潮，即是七月十四日夜的水灯游行和放火灯头活动。

知识小链接

道教

道教是中国固有的一种宗教，距今已有1800余年的历史。它与中华本土文化紧密相连，深深扎根于中华沃土之中，具有鲜明的中国特色，并对中华文化的各个层面产生了深远影响。

基隆中元祭，始于清咸丰五年（1855），至今已有155年历史，各字姓宗亲轮流主普，自农历七月初一基隆老大公庙开龛门开始，12日主普坛开灯放彩，13日迎斗灯遶境祈福，14日水灯游行后放水灯头，15日普度大典、跳钟馗，八月初一关龛门。活动为期一个月。

中元祭又是从何而来？依据道教的说法，农历七月十五日为地官生日，掌管地狱的地官大帝行大赦令，释放地狱众鬼囚，让这些孤魂野鬼在农历七月可以重返阳间，接受一个月的祭祀施食。

◎七月十五祭城隍

“城隍”一词的古义为护城河。班固文章中有过这种说法：“修宫室，浚城隍。”而以城隍作为神名，文献始见于《北齐书》。城隍神的奉祀，有文献可考的，起始于南北朝时期。在我国宋代时期城隍神信仰已经纳入国家祀典，明代的城隍神信仰达到极盛。

长期以来，对城隍祭祀已经形成了比较固定的仪式和习俗。大体上是：

第一，祭城隍神。每届新官上任要先祭告城隍。在农历的每月初五、十

城 隍

五日以香纸蜡烛在城隍祠祭祀。在水旱灾年要祈祭城隍和山川、风云、雷雨等神。

第二，城隍爷出巡。每年阴历是城隍爷诞辰日，有盛大的城隍爷出巡活动。在城隍爷出巡时，先举行请神仪式，就是把城隍爷及配祀各神像请出，安放在神辇里，然后出发。出巡行列中有南北管乐队、舞狮队、信徒，加上参观民众，人员众多，盛况空前。

第三，城隍庙会。一般在每年阴历二月十八日举行，是祭祀城隍盛会。

第四，特殊的事件。在发生一些重大事件时，发生特殊事件时需要祭祀城隍。比如，在大规模的围圩工程进行时，把祭祀城隍作为动工仪式极其隆重。在围垦前，事主备三牲，请戏班，祭龙王，祭城隍，还要抬着龙王、城隍神座到围垦的地方转一圈，意指告知龙王、神隍神，这片滩涂即将变成粮田。在中国民间传说中，也有些疑难案件在城隍庙进行审理的例子。在北方城市，比如北京等地，民俗中城隍庙还是一个社交场所。一些重大的交

你知道吗

城隍爷

每座城市都有城隍庙。“城”原指挖土筑的高墙，“隍”原指没有水的护城壕。古人造城是为了保护城内百姓的安全，所以修了高大的城墙、城楼、城门以及壕城、护城河。他们认为与人们的生活、生产安全密切相关的事物，都有神在，于是城和隍被神化为城市的保护神。道教至迟在唐代即奉祀城隍，它因袭民俗，视城隍为保护地方、主管当地水旱疾疫及阴司冥籍的神灵。

易也必须在城隍庙进行，像房地产交易、粮食交易等。

◎八月十五中秋节

农历八月十五是我国的传统节日——中秋节。中秋节与春节、清明节、端午节被称为中国汉族的四大传统节日。从2008年起为国家法定节假日。

传说中秋节来源于嫦娥奔月的故事，嫦娥是后羿的妻子，后羿射日后西王母为了奖励他，赠给他一颗仙丹，吃了可以升天，后羿舍不得离妻子而去，于是将仙丹收藏于盒子里，嫦娥受好奇心驱使吃了仙丹，独自一人飞上月亮，从此居住在广寒宫，与丈夫相隔天地。因而中秋节也寓意着分离的亲人能够相聚团圆。

嫦娥奔月

趣味点击

韩国中秋

韩国人称中秋节为“秋夕”。向亲朋好友送礼亦是韩国人过中秋节的习俗，所以他们亦叫中秋节做“感恩节”。中秋在韩国是一个大节日，会一连放3天假。民众都会利用这段日子回乡探亲，所以每逢中秋之前一个月，韩国各大公司都会大减价，以吸引民众购物互相赠送。韩国人在中秋节会吃松饼。

中秋祭月，在我国是一种十分古老的习俗。据史书记载，早在周朝，古代帝王就有春分祭日、夏至祭地、秋分祭月、冬至祭天的习俗。其祭祀的场所称为日坛、地坛、月坛、天坛，分设在东南西北四个方向。北京的月坛就是明清皇帝祭月的地方。民间中秋赏月活动约始魏晋时期，但未成习。到了唐代，中秋赏月、玩月颇为盛行，许多诗人的名篇中都有咏月的诗句。待到宋时，形成了以赏月活动为中心的中秋民俗节日，正式定为中秋节。明代捏兔儿爷成拜月状，后来在清代成为儿童的中秋节玩具，制作精致，有扮成武将头戴盔甲、身披战袍的、也有背插纸旗或纸伞、或坐或立的。

兔儿爷

月 饼

中秋节这一天人们都要吃月饼以示“团圆”。月饼，又叫胡饼、宫饼、月团、丰收饼、团圆饼等，是古代中秋祭拜月神的供品。后来人们逐渐把中秋赏月与品尝月饼，作为家人团圆的一大象征，慢慢地，月饼也就成为了节日的必备礼品。

◎九九重阳节

农历九月初九，为传统的重阳节。

重阳节首先有登高的习俗，金秋九月，天高气爽，这个季节登高远望可达到心旷神怡、健身祛病的目的。和登高相联系的有吃重阳糕的风俗。高和糕谐音，作为节日食品，最早是庆祝秋粮丰收、喜尝新粮的用意，之后民间才有了登高吃糕，取步步登高的吉祥之意。

重阳节还有赏菊花的风俗，所以古来又称菊花节。阴历九月俗称菊月，节日举办菊花大会，倾城的人潮赴会赏菊。从魏晋以来，重阳聚会饮酒、赏菊赋诗已成时尚。在汉族古俗中，菊花象征长寿。古代还风行九九插茱萸的习俗，所以又叫做茱萸节。茱萸入药，可制酒养身祛病。王维的《九月九日忆山东兄弟》就是在这一天写的。

你知道吗

重阳佩茱萸

古代还风行九九插茱萸的习俗，所以又叫做茱萸节。茱萸入药，可制酒养身祛病。插茱萸和簪菊花在唐代就已经很普遍。茱萸香味浓，有驱虫去湿、逐风邪的作用，并能消积食，治寒热。民间认为九月九日也是逢凶之日，多灾多难，所以在重阳节人们喜欢佩戴茱萸以辟邪求吉。茱萸因此还被人们称为“辟邪翁”。

饮菊花酒

古人认为，重阳节是个值得庆贺的吉利日子，并且从很早就开始过此节日。重阳节是杂糅多种民俗为一体而形成的汉族传统节日。庆祝重阳节的活动一般包括出游赏景、登高远眺、观赏菊花、遍插茱萸、吃重阳糕、饮菊花酒等活动。九九重阳，因为与“久久”同音，九在数字中又是最大数，有长久长寿的含义，况且秋季也是一年收获的黄金季节，重阳佳节，寓意深远，人们对此节历来有着特殊的感情，唐诗宋词中有不少贺重阳、咏菊花的诗词佳作。

在民俗观念中，九九重阳，因为与“久久”同音，包含有生命长久、健康长寿的寓意。20 世纪 80 年代开始，我国一些地方把夏历九月初九定为老人节，倡导全社会树立尊老、敬老、爱老、助老的风气。

第三节　满园盛开的花朵

◎菊　花

菊　花

菊花是多年生菊科草本植物，是经长期人工选择培育出的名贵观赏花卉，也称艺菊，品种已达千余种。花序大小和形状各有不同，有单瓣，有重瓣；有扁形，有球形；有长絮，有短絮，有平絮和卷絮；有空心和实心；有挺直的和下垂的，式样繁多，品种复杂。根据花期迟早，有早菊花（9 月开放），秋菊花（10—11 月），晚菊花（12—元月）八月菊、七月菊、五月菊等。根据花径大小区分，花径在 10 厘米以上的称大菊，花径在 6 ~ 10 厘米的为中菊，花径在 6 厘米以下的为小菊。根据瓣型可分为平瓣、管瓣、匙瓣三类十多个类型。

基本小知识

草本植物

草本是一类植物的总称，但并非植物科学分类中的一个单元，与草本植物相对应的概念是木本植物，人们通常将草本植物称作“草”，而将木本植物称为“树”，但是偶尔也有例外，比如竹，就属于草本植物，但人们经常将其看做是一种树。

菊花是中国十大名花之一，在中国已有3000多年的栽培历史。中国菊花传入欧洲，约在明末清初。中国人极爱菊花，从宋朝起民间就有一年一度的菊花盛会。古神话传说中菊花又被赋予了吉祥、长寿的含义。

中国历代诗人画家，以菊花为题材吟诗作画众多，因而历代歌颂菊花的大量文学艺术作品和艺菊经验，给人们留下了许多名谱佳作，并将流传久远。我国古代文学大家陶渊明有写“采菊东篱下，悠然见南山”，赋予了菊花高洁的象征。

菊花，在日本还有一个非常有趣的传说。古时候，从中国驶出一条大船，载了12个贵族童男童女，为寻找长生不老药而远航海外。作为交换，他们携带最为贵重的物品——金菊花。后来大船遭遇了风暴，被冲到一个无人的荒岛，被迫在那里住下，繁衍子孙，并在岛上种下了金菊花。之后那里的人们就自称“日本帝国”。日本国旗上被大家误认作太阳的图案实际是一朵金色的菊花，而且日本天皇的象征符号也是一朵16瓣菊花。

◎桂　　花

桂花，木樨科木樨属，又名“月桂”、“木樨”，俗称“桂花树”。常绿灌木或小乔木，为温带树种。叶对生，多呈椭圆或长椭圆形，树叶叶面光滑，革质，叶边缘有锯齿。花簇生，花冠分裂至基乳有乳白、黄、橙红等色。中国有包括衢州市、汉中市在内的二十多个城市以桂花为市花或市树。

桂花经常被用来做菜肴的辅料，因为它浓郁的香甜味，使食物有种特殊的风味。

农历八月，古称桂月，此月是赏桂的最佳时期，又是赏月的最佳月份。八月的桂花桂花，中秋的明月，自古就和我国人民的文化生活联系在一起。许多诗人吟诗填词来描绘它、颂扬它，甚至把它加以神化，嫦娥奔月、吴刚伐桂等月宫系列神话，月中的宫殿，宫中的仙境，已成为历代脍炙人口的美谈，也正是桂花把它们联系在一起。桂树竟成了“仙树”。

桂　花

传说古时候两英山下，住着一个卖山葡萄酒的寡妇，她为人豪爽善良，酿出的酒，味醇甘美，人们尊敬她，称她“仙酒娘子”。一年冬天，天寒地冻。清晨，仙酒娘子刚开大门，忽见门外躺着一个骨瘦如柴、衣不遮体的汉子，看样子

拓展阅读

桂花园林

桂花在园林中应用普遍，常作园景树，有孤植、对植，也有成丛成林栽种。在我国古典园林中，桂花常与建筑物，山石相配，以丛生灌木型的植株植于亭、台、楼、阁附近。旧式庭园常用对植，古称“双桂当庭”或“双桂留芳”。在住宅四旁或窗前栽植桂花树，能收到“金风送香”的效果。在校园取“蟾宫折桂”之意，也大量的种植桂花。桂花对有害气体二氧化硫、氟化氢有一定的抗性，也是工矿区的一种绿化的好花木。

是个乞丐。仙酒娘子摸摸那人的鼻口，还有点气息，就把他背回家里，先灌热汤，又喂了半杯酒，那汉子慢慢苏醒过来，激动地说："谢谢娘子救命之恩。我是个瘫痪人，出去不是冻死，也得饿死，你行行好，再收留我几天吧。"仙酒娘子为难了，常言说，"寡妇门前是非多"，像这样的汉子住在家里，别人会说闲话的。可是再想想，总不能看着他活活冻死，饿死啊！终于点头答应，留他暂住。

果不出所料，关于仙酒娘子的闲话很快传开，大家对她疏远了，到酒店来买酒的人一天比一天少了。但仙酒娘子忍着痛苦，尽心尽力照顾那汉子。后来，人家都不来买酒，她实在无法维持，那汉子也就不辞而别、不知所往。仙酒娘子放心不下，到处去找，在山坡遇一白发老人，挑着一担干柴，吃力地走着。仙酒娘子正想去帮忙，那老人突然跌倒，干柴散落满地，老人闭着双眼，嘴唇颤动，微弱地喊着："水、水、……"荒山坡上哪来水呢？仙酒娘子咬破中指，顿时，鲜血直流，她把手指伸到老人嘴边，老人忽然不见了。一阵清风，天上飞来一个黄布袋，袋中贮满许许多多小黄纸包，另有一张黄纸条，上面写着："月宫赐桂子，奖赏善人家。福高桂树碧，寿高满树花。采花酿桂酒，先送爹和妈。吴刚助善者，降灾奸诈滑。"仙酒娘子这才明白，原来这瘫汉子和担柴老人，都是吴刚变的。

这事一传开，远近都来索桂子。善良的人把桂子种下，很快长出桂树，开出桂花，满院香甜，无限荣光。心术不正的人，种下的桂子就是不生根发芽，使他感到难堪，从此洗心向善。大家都很感激仙酒娘子，是她的善行，感动了月宫里管理桂树的吴刚大仙，才把桂子酒传向人间。从此，人间才有了桂花与桂花酒。

◎美人蕉

美人蕉是多年生球根草本花卉。株高可达 100～150 厘米，根茎肥大；不

美人蕉

分枝。茎叶具白粉，叶互生，宽大，长椭圆状披针形。阔椭圆形。总状花序自茎顶抽出，花径可达 20 厘米，花瓣直伸，具四枚瓣化雄蕊。花色有乳白、鲜黄、橙黄、橘红、粉红、大红、紫红、复色斑点等 50 多个品种。花期北方 6—10 月；南方全年。

依照佛教的说法，美人蕉是由佛祖脚趾所流出的血变成的。传说恶魔提婆达多，看到佛陀有大能大力，善行和名誉也与日俱增，非常生气，于是暗中设计伤害佛陀。有一天，提婆达多查出了佛陀出游的行程，就埋伏在他将经过的山丘上，并投下滚滚大石陷害佛陀。然而，人算不如天算，那大石还未滚落到佛陀之前，就粉碎成好几千个小石片，其中的一枚碎片伤到了佛陀的脚趾，流出来的血被大地吸了进去，而长出美丽艳红的美人蕉，同时大地也裂了开来，将卑劣的恶魔提婆达多给吞没了。

广角镜

美人蕉的地理分布

美人蕉分布于印度以及中国的南北各地，生长于海拔 800 米的地区，目前已由人工引种栽培。

全国各地均有种植，但不耐寒，霜冻花朵及叶片凋零。

一般长江流域以南，露地稍加覆盖就可安全越冬；长江以北，初冬茎叶经霜后就会凋萎，因此霜降前后，应剪掉地面上茎叶，掘起根茎，晾 2—3 天，除去表面水分，平铺在室内，覆盖河沙或细泥，保持 8℃以上室温，待次年春季终霜后种植；也可在 2 月以后进行催芽分割移栽。

美人蕉是一种大型的花朵。那强大的视觉效果让人感受到它强烈的存在意志。我们常常可以在石头小径旁，看到生长得十分茂盛的美人蕉。整个小径就好像被它燃烧了起来似的。不但粗大鲜绿的枝叶十分醒目，鲜艳的花色更让你不得不注意到它。它的花语就是“坚实的未来”。

◎大丽花

大丽花又叫大丽菊、天竺牡丹、地瓜花、大理花、西番莲和洋菊，是菊科多年生草本。菊花傲霜怒放，而大丽菊却不同，春夏间陆续开花，越夏后再度开花，霜降时凋谢。它的花形同那国色天香的牡丹相似，色彩瑰丽多彩，惹人喜爱。

大丽花是墨西哥的国花，美国西雅图的市花，中国吉林省的省花、河北省张家口市的市花，绚丽多姿的大丽花象征大方、富丽、大吉大利。

大丽花

传说，当年拿破仑的皇后约瑟芬，曾经在自己豪华宫殿的庭院里培植了好多艳丽多姿的大丽花，并宣布这是她自己的花儿，别人不得栽培。可好事的波兰贵族不知是出于好奇，还是别有用心，竟用重金收买了王妃的园艺师，终于得到了大丽花的球根。不久，波兰的土地上也开出同样美丽的大丽花。王妃得知后很是气愤，从此，再也不栽种大丽花了……如今，大丽花早已传播到世界各地。不论在城市的街心广场，还是在乡镇住宅的房前屋后，都可以看见不同品种的大丽花。尤其在广大农村的庭院中、校园里，各种红色、粉色、紫色、黄色的鲜艳夺目的大丽花，争相开放，给人们带来愉悦和欢欣。

知识小链接

拿破仑

拿破仑波拿巴（1769—1821），原名拿破仑·布宛纳，人称奇迹创造者。拿破仑·波拿巴是法国近代资产阶级军事家、政治家、数学家，法兰西共和国第一执政（1799～1804），法兰西第一帝国皇帝（1804—1814）（1815），意大利国王，莱茵联邦保护人，瑞士联邦仲裁者。曾经征服和占领过西欧和中欧的广大领土。拿破仑非矮子，身高约1.7米，人们误认为拿破仑是矮子是因为当时人们错用英制尺寸去计算法制尺寸，法制尺寸比英制的尺寸要长。

第四节　秋季瓜果飘香

◎柿　子

柿　子

柿子一般在霜降节气，也就是10月下旬才开始上市。柿子果实扁圆，不同的品种颜色从浅橘黄色到深橘红色不等，果实直径大小2～10厘米，重量从100～350克。

柿子营养价值很高，含有丰富的蔗糖、葡萄糖、果糖、蛋白质、胡萝卜素、维生素C、瓜氨酸、碘、钙、磷、铁。所含维生素和糖分比一般水果高1～2倍，假如一个人一天吃一个柿子，所摄取的维生素C，基本上就能满足一天需要量的一半。未成熟果实含鞣质。涩柿子中含碳水化合物很多，每100克柿子中含10.8克，其中主要是蔗糖、葡萄糖及果糖，这也是大家感到柿子很甜的原因。新鲜柿子含碘很高，能够防治地方性甲状腺肿大。另外，柿子富含果胶，它是一种水溶性的膳食纤维，有良好的润肠通便作用，对于纠正便秘，保持肠道正常菌群生长等有很好的作用。

趣味点击 柿子饼

相传三百多年前，李自成称王西安后，临潼老百姓用火晶柿子拌上面粉，烙成柿子面饼慰劳义军，很受义军将士称道。后来，为了纪念李自成及其起义军，每年柿子熟了，临潼百姓家家户户都要烙些柿面饼吃。天长日久，就演变成了今天的黄桂柿子饼。

◎枣

枣的成熟期在9月中下旬—10月上旬。枣是枣树的成熟果实。原产于中国，在中国南北各地都有分布。花小多蜜，是一种蜜源植物。果实枣，长圆形，未成熟时黄色，成熟后褐红色。可鲜食也可制成干果或蜜饯果脯等。营养丰富，富含铁元素和维生素。枣的品种繁多，大小不

拓展阅读

冬枣

冬枣甜脆，适合鲜食，在冬春上市；山东沾化县出产优质冬枣，是当地特产，在秋末冬初成熟，果大脆甜，但不易储存。

河北黄骅地区也是冬枣的主产区。

一，果皮和种仁药用，果皮能健脾，种仁能镇静安神；果肉可提取维生素C及酿酒；核壳可制活性炭。

枣

枣能提高人体免疫力，并可抑制癌细胞：药理研究发现，红枣能促进白细胞的生成，降低血清胆固醇，提高血清白蛋白，保护肝脏。红枣中还含有抑制癌细胞，甚至可使癌细胞向正常细胞转化的物质。经常食用鲜枣的人很少患胆结石，这是因为鲜枣中丰富的维生素C，使体内多余的胆固醇转变为胆汁酸，胆固醇少了，结石形成的概率也就随之减少。枣中富含钙和铁，它们对防治骨质疏松产贫血有重要作用，中老年人更年期经常会骨质疏松，正在生长发育高峰的青少年和女性容易发生贫血，大枣对他们会有十分理想的食疗作用，其效果通常是药物不能比拟的；枣对病后体虚的人也有良好的滋补作用；枣所含的芦丁，是一种使血管软化，从而使血压降低的物质，对高血压病有防治功效；枣还可以抗过敏、除腥臭怪味、宁心安神、益智健脑、增强食欲。

◎ 猕猴桃

猕猴桃

猕猴桃的自然成熟期是8—10月。猕猴桃原产于中国南方，一般是椭圆形的。深褐色并带毛的表皮一般不食用，而其内则是呈亮绿色的果肉和一排黑色的种子。猕猴桃的质地柔软，味道有时被描述为草莓、香蕉、凤梨三者的混合。因猕猴桃喜食，故名猕猴桃；亦有说法是因为果皮覆毛，貌似猕猴而得名。

猕猴桃果食肉肥汁多，清香鲜美，甜酸宜人，耐贮藏。适时采收下的鲜果，在常温下可放一个月都不坏；在低温条件下甚至可保鲜五六个月以上。除鲜食外，还可加工成果汁、果酱、果酒、糖水罐头、果干、果脯等，这些产品或黄、或褐、或橙，色泽诱人，风味可口，营养价值不亚于鲜果，因此成为航海、航空、高原和高温工作人员的保健食品。

拓展阅读

猕猴桃的食用方法

餐桌上的猕猴桃最先是国宴上的最后一道菜，是将鲜果去皮切片之后，每人食用一两片。猕猴桃作为餐桌上的高档菜，可作成鲜炸、糖汁、醪糟汤等。猕猴桃内有一种酶，可以将肉类变嫩，炒肉时可以加点猕猴桃汁，煮肉时可放几片猕猴桃鲜果，是一种很好做肉预处理料，天然又美味。

猕猴桃汁是国家运动员首选的保健饮料，又是老年人、儿童、体弱多病者的滋补果品。猕猴桃外皮除含有丰富果胶，可降低血中胆固醇，更包含猕猴桃中80%的营养，因此食用其外皮为最佳的选择。猕猴桃中所含纤维，有三分之一是果胶，特别是皮和果肉接触部分。果胶可降低血中胆固醇浓度，预防心血管疾病。猕猴桃营养丰富，美味可口。

果实中含糖量13%左右，含酸量2%左右，而且还每百克果肉含维生素400毫克，比柑橘高近9倍。鲜果酸甜适度，清香爽口，称之为“超级水果”，名副其实。

◎苹　果

有些苹果品种入伏后就成熟，即“伏苹果”，中晚期成熟的苹果，如“红星”9月底才熟，“富士”系列到10月份才能上市。苹果，古称柰，又叫滔婆，酸甜可口，营养丰富，是老幼皆宜的水果之一。它的营养价值和医疗价值都很高，被越来越多的人称为“大夫第一药”。许多美国人把苹果作为瘦身必备，每周节食一天，这一天吃苹果，号称“苹果日”。

知识小链接

铅中毒

铅和其化合物对人体各组织均有毒性，中毒途径可由呼吸道吸入其蒸气或粉尘，然后呼吸道中吞噬细胞将其迅速带至血液；或经消化道吸收，进入血循环而发生中毒。中毒者一般有铅及铅化物接触史。口服2～3克可致中毒，50克可致死。临床铅中毒很少见。

苹 果

苹果中的维生素C是心血管的保护神、心脏病患者的健康元素。吃较多苹果的人远比不吃或少吃苹果的人感冒概率要低。所以，有科学家和医师把苹果称为“全方位的健康水果”或称为“全科医生”。现在空气污染比较严重，多吃苹果可改善呼吸系统和肺功能，保护肺部免受空气中灰尘和烟尘的影响。苹果中的胶质和向量元素铬能保持血糖的稳定，所以苹果不但是糖尿病患者的健康小吃，而且是一切想要控制血糖的人必不可少的水果，并且它还能有效地降低胆固醇。苹果还能防癌，防铅中毒。

中国医学认为，苹果具有生津止渴、润肺除烦、健脾益胃、养心益气、

香　蕉

润肠、止泻、解暑、醒酒等功效。现在城市生活节奏十分紧张，职业人群的压力很大，很多人都有不同程度的紧张、忧郁，这时拿起一个苹果闻一闻，不良情绪就会有所缓解，同时还有提神醒脑之功。吃苹果既能减肥，又能帮助消化。且苹果中含有多种维生素、矿物质、糖类、脂肪等，是构成大脑所必需的营养成分。苹果中的纤维，对儿童的生长发育有益，能促进生长及发育。苹果中的锌对儿童的记忆有益，能增强儿童的记忆力。但苹果中的酸能腐蚀牙齿，吃完苹果后最好漱漱口。

◎香　蕉

香蕉上市期很长，几乎下半年都有新鲜的香蕉，因为香蕉的品种很多，春植蕉，11—12 月份成熟。秋植蕉，10 月中旬—11 月初成熟。还有夏植蕉，9 月底—10月份成熟。香蕉果实香甜味美，富含碳水化合物，是大众最喜欢的水果之一，也深受减肥女性的喜爱。

香蕉属于高钾食品，钾离子可强化肌力及肌耐力，因此也特

拓展阅读

仙人蕉

仙人蕉属高干型香牙蕉，是从台湾省北蕉的突变中选育出来的，其综合性状极似北蕉，为台湾省的主栽品种。植株瘦高，假茎高 270～320 厘米，叶片较北蕉稍长而宽、色较淡绿；果实含糖量高但品质较北蕉稍差，因果皮较厚，果实较耐贮运；株产优于北蕉；对束顶病的抵抗力强，适于较瘦瘠的山地粗放栽培，但生育期比北蕉长 15—30 天，抗风能力也较差。

别受运动员的喜爱。营养师说，钾对人体的钠具有抑制作用，多吃香蕉，可降低血压，预防高血压和心血管疾病。研究显示，每天吃两条香蕉，可有效降低10%血压。很多母亲喜欢在孩子便秘时，给孩子吃香蕉，这也绝对正确。营养师说，香蕉内含丰富的可溶性纤维，也就是果胶，可帮助消化，调整肠胃机能。香蕉对失眠或情绪紧张者也有疗效，因为香蕉包含的蛋白质中，带有氨基酸，具有安抚神经的效果，因此在睡前吃点香蕉，多少可起一些镇静作用。

但是香蕉并非人人适宜吃，患有急慢性肾炎、肾功能不全者，都不适合多吃，建议这些病人如果每天吃香蕉的话，以半条为限。此外，香蕉糖分高，患糖尿病者也必须多注意吸取的分量不能多。

◎梨

大多数梨在 9 月底或 10 月初上市。梨树是我国南北各地栽培最为普遍的一种果树，据1995 年资料统计，梨园面积已发展到 859.95 万亩，仅次于苹果和柑橘，在国内名列第三位。

梨果具有生津、润燥、清热、化痰等功效，适用于热病伤津烦渴、消渴症、热咳、痰热惊狂、噎膈、口渴失音、眼赤肿痛、消化不良。梨果皮能够清心、润肺、降火、生津、

趣味点击　梨的吃法

生食：民间对其有“生者清六腑之热，熟者滋五腑之阴”的说法。因此，生吃梨能明显解除上呼吸道感染患者所出现的咽喉干、痒、痛、音哑，以及便秘尿赤等症状。

榨汁：将梨榨成梨汁，或加胖大海、冬瓜子、冰糖少许，煮饮，对天气亢燥、体质火旺、喉炎干涩、声音不扬者，具有滋润喉头、补充津液的功效。

冰糖蒸梨：冰糖蒸梨是中国传统的食疗补品。可以滋阴润肺，止咳祛痰，对嗓子具有良好的润泽保护作用。

滋肾、补阴。而梨籽含有木质素，是一种不可溶纤维，能在肠子中溶解，形成像胶质的薄膜，能在肠子中与胆固醇结合而排除。

梨

梨的吃法有很多种：生食，民间对其有“生者清六腑之热，熟者滋五脏之阴”的说法。因此，生吃梨能明显解除上呼吸道感染患者所出现的咽喉干、痒、痛、音哑，以及便秘尿赤等症状。将梨榨成梨汁，或加澎大海、冬瓜子、冰糖少许，煮饮，对天气亢燥、体质火旺、喉炎干涩、声音不扬者，具有滋润喉头、补充津液的功效。“梨膏糖”更是闻名中外，它是用梨加蜂蜜熬制而成，对患肺热久咳症的病人有明显疗效。

第五节　秋季里美丽的景色

◎香山红叶

香山又叫静宜园，位于北京海淀区西郊。每到秋天，漫山遍野的黄栌树叶红得像火焰一般，霜后呈深紫红色。这些黄栌树是清代乾隆年间栽植的，经过二百多年来的发展，逐渐

趣味点击　北京香山得名

香山得名主要有两种说法：一是得名自最高峰的钟乳石，其形似香炉，称为香炉山，简称香山；二是得名自古时香山的杏花，花开时其香味使得此山成为名副其实的“香山”。

形成拥有 94000 株的黄栌树林区。

观赏红叶最好选择一个霜降时节上山。此时的香山，方圆数万亩坡地上枫树黄栌红艳似火，远远望去，会误以为是飘落的花瓣，走近看才辨清是椭圆的树叶。观赏此等美景有 10 处最佳点：玉华岫、看云起、森玉笏、双清别墅、蟾蜍峰、静翠湖、香炉峰、香雾窟、和顺门、驯鹿坡。绝佳处在森玉笏峰小亭，从亭里极目远眺，远山近坡，鲜红、粉红、猩红、桃红，层次分明，瑟瑟秋风中，似红霞排山倒海而来，整座山似乎都摇晃起来了，又有松柏点缀其间，红绿相间，瑰奇绚丽。

香山红叶

雾中红叶

◎北　疆

乌鲁木齐市红山

每年的秋季，新疆进入一年之中的最佳时节：气候凉爽宜人，南疆瓜果飘香，北疆染上了迷人的金色。

9 月是北疆景色最为迷人的季节。秋天的禾木乡，围绕在村前村后都是桦树林，秋天里层林尽染，泛着金光；喀纳斯湖，湖光潋滟，浓浓秋色

喀纳斯湖

魔鬼城

倒影在水中。此外，西游记中的火焰山，草原广阔的伊犁那拉提……都是美丽的景色。

喀纳斯湖位于布尔津县北部，是一个坐落在阿尔泰深山密林中的高山湖泊。会随着季节和天气的变化时时变换着自己的颜色：或湛蓝、或碧绿、或黛绿、或灰白……有时诸色兼备，浓淡相间，成了有名的变色湖。受强劲谷风的吹送，倒入喀纳斯湖的浮木，会逆水上漂，在湖的上游湖湾处聚堆成千米枯木长堤，成为喀纳斯湖的一大奇观。

知识小链接

桦树

桦树是桦木属植物的通称。全世界约有100种，主要分布于北温带，少数种类分布至寒带。中国产29种，其中以白桦分布最广，由东北、华北到西北、西南都有。此外还有红桦、硕桦、黑桦等。桦树通常是灌木或中小型乔木，木材比较坚硬，抗腐能力差，受潮易变形，可作胶合板、细木工等用材；树皮可热解提取焦油，还可制工艺品，园林绿化树种。

禾木距喀纳斯湖大约70千米，周围雪山环抱，生长着茂盛的白桦林。每到金秋时节，白桦林一片金黄，映衬着银色的雪山，林边图瓦人的木屋更显安详。在克拉玛依市乌尔乐乡东南3000米，有一处独特的风蚀地貌，定名为风城，人们习惯称它为“魔鬼城”。远眺风城，就像中世纪欧洲的一座大城堡。大大小小的城堡林立，高高低低参差错落。千百万年来，由于风雨剥蚀，地面形成深浅不一的沟壑，裸露的石层被狂风雕琢得奇形怪状。在起伏的山坡上，布满血红、湛蓝、洁白、橙黄的各色石子，宛如魔女遗珠，更增添了几许神秘色彩。每当大风吹来，黄沙遮天，大风在城里激荡回旋，凄厉呼啸，如同鬼哭，“魔鬼城”因此而得名。

◎西藏高原

位于西藏东部的林芝，平均海拔3100米，莽莽林海，花之海洋，从高寒地带生长的雪莲花，到亚热带盛产的香蕉、棕榈，物产资源丰富，自然风貌保存完好。此处景色与西藏其他地区迥然不同，一派森林云海风光。蓝天白云、冰川衬森林、碧湖映雪山、风景绝伦。这里的湖水清澈见底，四周雪山倒映其中，沙鸥、白鹤浮游湖面，湖水透明可见，游鱼如织，情趣盎然。每到春季，湖四周群花烂漫，雪峰倒影湖中，景色宜人至极。秋季万山红遍，层林尽染，天空碧蓝如洗，火红的枫叶折射灿烂的阳光，倒影在碧蓝的湖面，景色美不胜收。

西藏林芝

基本小知识

高原

海拔高度一般在1000米以上，面积广大，地形开阔，周边以明显的陡坡为界，比较完整的大面积隆起地区称为高原。高原与平原的主要区别是海拔较高，它以完整的大面积隆起区别于山地。高原素有“大地的舞台”之称，它是在长期连续的大面积的地壳抬升运动中形成的。有的高原表面宽广平坦，地势起伏不大；有的高原则山峦起伏，地势变化很大。世界最高的高原是中国的青藏高原，面积最大的高原为南极冰雪高原。

西藏鲁郎

然乌湖

从林芝走川藏线路上的小镇叫鲁朗，鲁朗有“西藏小瑞士”之称，既有藏区的原始林海，又有牧场和恬静的田园风光，可以租一匹藏马在草原上尽情驰骋。10月深秋季，林芝地区万山红遍，层林尽染，雪山耸立，碧水长流，给人进入仙境之感。由于南迦巴瓦峰巨大的垂直分布带，各类植物依次分布使她有绝佳的色彩层次感。试想高有刺入蓝天的白色雪峰，中有绿色常青的针叶植被，再来是金黄色的暖湿植物，山脚有涓涓溪流，红叶摇曳。这种画面的确很美。波密一带森林茂密，雨水充足，湍急的河流、大片绿色的田园和星罗的村落构成了油画般壮丽的高原风光。

然乌湖是川藏线上的亮点，然乌最美的时节在深秋，当冰雪覆盖在冰蓝色的湖面上，雪峰缠绕在湖畔，冷、静、透是然乌的特点。湖边的山体就像打翻的调色板，红色、绿色、金黄一片。

第六节　古代诗词里的“秋”

登高

杜　甫

风急天高猿啸哀，渚清沙白鸟飞回。
无边落木萧萧下，不尽长江滚滚来。
万里悲秋常作客，百年多病独登台。
艰难苦恨繁霜鬓，潦倒新停浊酒杯。

【注解】

啸哀：指猿的叫声凄厉。

渚（zhǔ）：水中的小沙洲。

鸟飞回：鸟在急风中飞舞盘旋。

落木：指秋天飘落的树叶。

萧萧：风吹落的响声。

万里：指远离故乡。

长作客：长期漂泊他乡。

百年：一生。

艰难：兼指国运和自身命运。

拓展阅读

杜甫作品一览

杜甫诗“有集六十卷”，早佚。北宋宝元二年（1039）王洙辑有1405篇，编为18卷，题为《杜工部集》。钱谦益编有《笺注杜工部集》。杨伦说：“自六朝以来，乐府题率多模拟剽窃，陈陈相因，最为可厌。子美出而独就当时所感触，上悯国难，下痛民穷，随意立题，尽脱去前人窠臼。”

苦恨：极其遗憾。苦，极。

繁霜鬓：形容白发多，如鬓边着霜雪。繁，这里作动词，增多。

潦倒：哀颓，失意。这里指衰老多病，志不得伸。

新停：刚刚停止。

【赏析】

《登高》这首诗于大历二年（767）秋所写。当时诗人病卧夔州，夔州在长江之滨。全诗通过登高所见秋江景色，倾诉了诗人长年漂泊、老病孤愁的复杂感情，慷慨激越，动人心弦。杨伦称赞此诗为“杜集七言律诗第一”（《杜诗镜铨》），胡应麟《诗薮》更推重此诗“精光万丈”，是古今七言律诗之冠。

秋兴

杜　甫

玉露凋伤枫树林，巫山巫峡气萧森。

江间波浪兼天涌，塞上风云接地阴。

丛菊两开他日泪，孤舟一系故园心。

寒衣处处催刀尺，白帝城高急暮砧。

【注解】

玉露：秋天的霜露，因其白，故以玉喻之。

凋伤：草木在秋风中凋落。

巫山巫峡：即指夔州（今奉节）一带的长江和峡谷。萧森：萧瑟阴森。

兼天涌：波浪滔天。

塞上：指巫山。

接地阴：风云盖地。“接地”又作“匝地”。

从菊两开：杜甫去年秋天在云安，今年秋天在夔州，从离开成都算起，已历两秋，故云“两开”。“开”字双关，一谓菊花开，又言泪眼开。他日：往日，指多年来的艰难岁月。

故园：此处当指长安。

催刀尺：指赶裁冬衣。“处处催”，见得家家如此。

白帝城：即今奉节城，在瞿塘峡上口北岸的山上，与夔门隔岸相对。

急暮砧：黄昏时急促的捣衣声。

拓展阅读

杜甫诗歌的特点

杜甫的诗歌在格律上，具有炼字精到，对仗工整的特点，符合中国诗歌的“建筑美”，例如“风急天高猿啸哀，渚清沙白鸟飞回，无边落木萧萧下，不尽长江滚滚来”就是杜诗炼字与对仗高超的体现。另外，在体裁上杜甫有许多创新，例如他在五七律上的创造性也是他文学创作的独到之处。

【赏析】

诗人用铺天盖地的秋色将渭原秦川与巴山蜀水联结起来，寄托自己的故国之思；又用滔滔不尽的大江把今昔异代联系起来，寄寓自己抚今追昔之感。诗中那无所不在的秋色，笼罩了无限的宇宙空间；而它一年一度如期而至，又无言地昭示着自然的岁华摇落，宇宙的时光如流，人世的生命不永。

枫桥夜泊

张　继

月落乌啼霜满天，江枫渔火对愁眠。

姑苏城外寒山寺，夜半钟声到客船。

基本小知识

张继

张继（约715—约779）字懿孙，汉族，襄州人（今湖北襄阳人）。唐代诗人，他的生平不甚可知。据诸家记录，仅知他是天宝十二年（753）的进士。大历中，以检校祠部员外郎为洪州（今江西南昌市）盐铁判官。他的诗爽朗激越，不事雕琢，比兴幽深，事理双切，对后世颇有影响。但可惜流传下来的不到50首。他的最著名的诗是《枫桥夜泊》。

【注解】

枫桥：在今苏州市阊门外。此诗题一作“夜泊枫桥”。

江枫：江边的枫树。

渔火：渔船上的灯火。

愁眠：因愁而未能入睡之人。后人因此诗而将当地一山名为“愁眠”。

姑苏：苏州的别称，因城西南有姑苏山而得名。

寒山寺：在枫桥附近，始建于南朝梁代。相传因唐僧人寒山、拾得住此而得名。

【赏析】

《枫桥夜泊》描写了一个秋天的夜晚，诗人泊船苏州城外的枫桥。江南水乡秋夜幽美的景色，吸引着这位怀着旅愁的游子，使他领略到一种情味隽永的诗意美，写下了这首意境深远的小诗。表达了诗人旅途中孤寂忧愁的思乡感情。

秋词

刘禹锡

自古逢秋悲寂寥，我言秋日胜春朝。
晴空一鹤排云上，便引诗情到碧霄。

【注解】

自古：从古以来，泛指从前。

逢：遇到。

寂寥：空旷无声，这里指景象凄凉。

春朝：初春。这里可译作春天。

排：推开。

碧霄：蓝蓝的天空。

拓展阅读

刘禹锡墓

一代诗豪刘禹锡死后，被葬在了河南荥阳（今郑州荥阳）。荥阳市政府在刘禹锡墓的基础上，耗巨资建设了占地280多亩的大型文化主题公园——刘禹锡公园，并免费向市民开放。刘禹锡墓位于荥阳市城东二十里铺乡（今豫龙镇）狼窝刘村南高地上，古称檀山。墓北距郑州至上街公路约70米，坐北面南，有圆形土冢，冢高约7.5米，周长约20米。据民国《荥阳县志》载：“刘禹锡墓在檀山。”

【赏析】

秋，在大自然中，扮演的永远是一个悲怀的角色，它的独特的意象，让一代代人不停地咀嚼、回味。然而刘禹锡的《秋词》，却另辟蹊径，一反常调，它以其最大的热情讴歌了秋天的美好。更为可贵的是，《秋词》还是诗人被贬朗州后的作品。“我言”说出的是诗人的自信，这种自信，尽管染上的，是一种不幸的色彩，然而，诗人阔大的胸襟却非凡地溶解了这种不幸。“胜春潮”就是诗人对于秋景最为充分的认可。这种认可，绝非仅仅是一时的感性冲动，而是融入了诗人对秋天的更高层次的理性思考。

拓展阅读

杜牧的文学成就

杜牧的文学创作有多方面的成就，诗、赋、古文都身趁名家。他主张凡为文义为主，以气为辅，以辞采章句为之兵卫，对作品内容与形式的关系有比较正确的理解。并能吸收、融化前人的长处，以形成自己特殊的风貌。在诗歌创作上，杜牧与晚唐另一位杰出的诗人李商隐齐名，并称“小李杜”。他的古体诗受杜甫、韩愈的影响，题材广阔，笔力峭健。他的近体诗则以文词清丽、情韵跌宕见长。

山行

杜　牧

远上寒山石径斜，白云生处有人家。
停车坐爱枫林晚，霜叶红于二月花。

【注解】

山行：在山中行走。

寒山：指深秋时候的山。

径：小路。

斜（xiá）：伸向的意思。

【赏析】

诗歌通过诗人的感情倾向，以枫林为主景，绘出了一幅色彩热烈、艳丽的山林秋色图。远上秋山的石头小路，首先给读者一个远视。山路的顶端是白云缭绕的地方。路是人走出来的，因此白云缭绕而不虚无缥缈，寒山蕴含着生气，“白云生处有人家”一句就自然成章。然而，这只是在为后两句蓄势，接下来诗人明确地告诉读者，那么晚了，“我”还在山前停车，只是因为眼前这满山如火如荼，胜于春花的枫叶。与远处的白云和并不一定看得见的人家相比，枫林更充满了生命的纯美和活力。

蝶恋花

晏　殊

槛菊愁烟兰泣露，罗幕轻寒，燕子双飞去。

明月不谙离恨苦，斜光到晓穿朱户。

昨夜西风凋碧树，独上高楼，望尽天涯路。

欲寄彩笺兼尺素，山长水阔知何处！

基本小知识

晏殊

晏殊，字同叔，北宋前期婉约派词人之一。抚州临川文港乡人。十四岁时就因才华横溢而被朝廷赐为进士。之后到秘书省做正字，北宋仁宗即位之后，升官做了集贤殿学士，仁宗至和二年，六十五岁时过世。性刚简，自奉清俭。能荐拔人才，如范仲淹、欧阳修均出其门下。他生平著作相当丰富，计有文集140卷，及删次梁陈以下名臣述作为《集选》100卷，一说删并《世说新语》。主要作品有《珠玉词》。

【注解】

槛：栏杆。

罗幕：丝罗的帷幕，富贵人家所用。

朱户：犹言朱门，指大户人家。

尺素：书信的代称。古人写信用素绢，通常长约一尺，故称尺素，语出古诗《饮马长城窟行》：“客从远方来，遗我双鲤鱼。呼儿烹鲤鱼，中有尺素书。”

【赏析】

清晨栏杆外的菊花笼罩着一层愁惨的烟雾，兰花沾上露水似乎是饮泣的泪珠，罗幕之间透露着缕缕轻寒，燕子双飞走离开了。皎洁的月亮不熟悉离别之苦，斜斜的银辉直到破晓都照入大户人家。昨夜西风猛烈，凋零了绿树，“我”独自登上高楼，望尽了天涯路。想给“我”的心上人寄封信，可是高山连绵，碧水无尽，又不知道“我”的心上人在何处。

词的上片运用移情于景的手法，选取眼前的景物，注入主人公的感情，点出离恨；下片承离恨而来，通过高楼独望把主人公望眼欲穿的神态生动地表现出来。

第七节 描写秋季的现代散文

秋夜

鲁 迅

在我的后园，可以看见墙外有两株树，一株是枣树，还有一株也是枣树。

这上面的夜的天空，奇怪而高，我生平没有见过这样奇怪而高的天空。他仿佛要离开人间而去，使人们仰面不再看见。然而现在却非常之蓝，闪闪地䀹着几十个星星的眼，冷眼。他的口角上现出微笑，似乎自以为大有深意，而将繁霜洒在我的园里的野花草上。

我不知道那些花草真叫什么名字，人们叫他们什么名字。我记得有一种开过极细小的粉红花，现在还开着，但是更极细小了，她在冷的夜气中，瑟缩地做梦，梦见春的到来，梦见秋的到来，梦见瘦的诗人将眼泪擦在她最末的花瓣上，告诉她秋虽然来，冬虽然来，而此后接着还是春，蝴蝶乱飞，蜜蜂都唱起春词来了。她于是一笑，虽然颜色冻得红惨惨地，仍然瑟缩着。

枣树，他们简直落尽了叶子。先前，还有一两个孩子来打他们别人打剩的枣子，现在是一个也不剩了，连叶子也落尽了。他知道小粉红花的梦，秋后要有春；他也知道落叶的梦，春后还是秋。他简直落尽叶子，单剩干子，然而脱了当初满树是果实和叶子时候的弧形，欠伸得很舒服。但是，有几枝还低压着，护定他从打枣的竿梢所得的皮伤，而最直最长的几枝，却已默默地铁似的直刺着奇怪而高的天空，使天空闪闪地鬼睒眼；直刺着天空中圆满的月亮，使月亮窘得发白。

知识小链接

鲁迅

鲁迅（1881年9月25日—1936年10月19日），浙江绍兴人，原名周樟寿，1898年改为周树人，字豫山、豫亭，字豫才。以笔名鲁迅闻名于世。鲁迅的作品包括杂文、短篇小说、评论、散文、翻译作品。对于五四运动以后的中国文学产生了深刻的影响。毛泽东主席评价他是伟大的无产阶级的文学家、思想家、革命家，是中国文化革命的主将，也被人民称为“民族魂”。鲁迅先生一生写作计有600万字，其中著作约500万字，辑校和书信约100万字。

鬼睒眼的天空越加非常之蓝，不安了，仿佛想离去人间，避开枣树，只将月亮剩下。然而月亮也暗暗地躲到东边去了。而一无所有的干子，却仍然默默地铁似的直刺着奇怪而高的天空，一意要制他的死命，不管他各式各样地睒着许多蛊惑的眼睛。

哇的一声，夜游的恶鸟飞过了。

我忽而听到夜半的笑声，吃吃地，似乎不愿意惊动睡着的人，然而四围的空气都应和着笑。夜半，没有别的人，我即刻听出这声音就在我嘴里，我也即刻被这笑声所驱逐，回进自己的房。灯火的带子也即刻被我旋高了。

后窗的玻璃上丁丁地响，还有许多小飞虫乱撞。不多久，几个进来了，许是从窗纸的破孔进来的。他们一进来，又在玻璃的灯罩上撞得丁丁地响。

一个从上面撞进去了，他于是遇到火，而且我以为这火是真的。两三个却休息在灯的纸罩上喘气。那罩是昨晚新换的罩，雪白的纸，折出波浪纹的叠痕，一角还画出一枝猩红色的栀子。

猩红的栀子开花时，枣树又要做小粉红花的梦，青葱地弯成弧形了……我又听到夜半的笑声；我赶紧砍断我的心绪，看那老去白纸罩上的小青虫，头大尾小，向日葵子似的，只有半粒小麦那么大，遍身的颜色苍翠得可爱，可怜。

我打一个呵欠，点起一支纸烟，喷出烟来，对着灯默默地敬奠这些苍翠精致的英雄们。

一九二四年九月十五日。

作者在秋天的夜里，由后园里的几个事物引发了感慨。枣树在秋夜里直刺入天空，像英雄一样挺直地迎接即将到来的寒冬。小粉红花纤细而脆弱，秋天里却做着春天的美梦，盼望安然度过寒冬，在温暖的春季又能舒展开花瓣。作者用拟人的手法，将自己对秋季事物的感受写出来，是带有作者的主观色彩的。因为每个人对秋天事物的感觉也是不一样的。

基本小知识

叶圣陶

叶圣陶（1894—1988），原名叶绍钧，字秉臣，江苏苏州人，著名作家、教育家、编辑家、文学出版家和社会活动家。新中国成立后，叶圣陶曾担任出版总署副署长、人民教育出版社社长、教育部副部长。他也是第六届全国政协副主席、第五届全国人大常委委员、第五届全国政协常委委员、民进中央主席。叶圣陶于 1988 年 2 月 16 日于北京逝世，享年 94 岁。

没有秋虫的地方

叶圣陶

阶前看不见一茎绿草，窗外望不见一只蝴蝶，谁说是鹁鸽箱里的生活，鹁鸽未必这样枯燥无味呢。秋天来了，记忆就轻轻提示道，“凄凄切切的秋虫又要响起来了。”可是一点影响也没有，邻舍儿啼人闹弦歌杂作的深夜，街上轮震石响邪许并起的清晨，无论你靠着枕头听，凭着窗沿听，甚至贴着墙角听，总听不到一丝秋虫的声息。并不是被那些欢乐的劳困的宏大的清亮的声音淹没了，以致听不出来，乃是这里根本没有秋虫。啊，不容留秋虫的地方！秋虫所不屑居留的地方！

若是在鄙野的乡间，这时候满耳朵是虫声了。白天与夜间一样地安闲；一切人物或动或静，都有自得之趣；嫩暖的阳光和轻淡的云影覆盖在场上。到夜呢，明耀的星月和轻微的凉风看守着整夜，在这境界这时间里唯一足以感动心情的就是秋虫的合奏。它们高低宏细疾徐作歇，仿佛经过乐师的精心训练，所以这样地无可批评，踌躇满志。其实它们每一个都是神妙的乐师；众妙毕集，各抒灵趣，哪有不成人间绝响的呢。

虽然这些虫声会引起劳人的感叹，秋士的伤怀，独客的微喟，思妇的低泣；但是这正是无上的美的境界，绝好的自然诗篇，不独是旁人最欢喜吟味的，就是当境者也感受一种酸酸的麻麻的味道，这种味道在另一方面是非常隽永的。

大概我们所蕲求的不在于某种味道，只要时时有点儿味道尝尝，就自诩为生活不空虚了。假若这味道是甜美的，我们固然含着笑来体味它；若是酸苦的，我们也要皱着眉头来辨尝它：这总比淡漠无味胜过百倍。我们以为最难堪而极欲逃避的，惟有这个淡漠无味！

所以心如槁木不如工愁多感，迷蒙的醒不如热烈的梦，一口苦水胜于一盏白汤，一场痛哭胜于哀乐两忘。这里并不是说愉快乐观是要不得的，清健的醒是不必求的，甜汤是罪恶的，狂笑是魔道的；这里只是说有味远胜于淡漠罢了。

萧 瑟

所以虫声终于是足系恋念的东西。何况劳人秋士独客思妇以外还有无量数的人，他们当然也是酷嗜趣味的，当这凉意微逗的时候，谁能不忆起那美妙的秋之音乐？

可是没有，绝对没有！井底似的庭院，铅色的水门汀地，秋虫早已避去惟恐不速了。而我们没有它们的翅膀与大腿，不能飞又不能跳，还是死守在这里。想到“井底”与“铅色”，觉得象征的意味丰富极了。

说起秋天，你会想到什么？你会想到秋天鸣叫的秋虫吗？我们也许会想起落叶在萧瑟的风中纷纷坠落，也许会想起天空中一行一行迁徙的大雁，然而我们有注意到草丛中的秋虫吗？秋季是很多秋虫生命中的最后一季，在这个万木逢秋的季节，我们应该观察细微，洞察秋毫，将人的生命体验与大自然的变化规律结合起来。

故都的秋

郁达夫

秋天，无论在什么地方的秋天，总是好的；可是啊，北国的秋，却特别地来得清，来得静，来得悲凉。我的不远千里，要从杭州赶上青岛，更要从青岛赶上北平来的理由，也不过想饱尝一尝这“秋”，这故都的秋味。

江南，秋当然也是有的，但草木凋得慢，空气来得润，天的颜色显得淡，并且又时常多雨而少风；一个人夹在苏州上海杭州，或厦门香港广州的市民中间，混混沌沌地过去，只能感到一点点清凉，秋的味，秋的色，秋的意境与姿态，总看不饱，尝不透，赏玩不到十足。秋并不是名花，也并不是美酒，那一种半开、半醉的状态，在领略秋的过程上，是不合适的。

知识小链接

郁达夫

郁达夫（1896—1945），原名郁文，幼名荫生，字达夫，幼名阿凤，浙江富阳人，中国现代著名小说家、散文家、诗人。代表作《沉沦》、《故都的秋》、《春风沉醉的晚上》、《过去》、《迟桂花》等。

不逢北国之秋，已将近十余年了。在南方每年到了秋天，总要想起陶然亭的芦花，钓鱼台的柳影，西山的虫唱，玉泉的夜月，潭柘寺的钟声。在北平即使不出门去吧，就是在皇城人海之中，租人家一椽破屋来住着，早晨起来，泡一碗浓茶，向院子一坐，你也能看得到很高很高的碧绿的天色，听得到青天下驯鸽的飞声。从槐树叶底，朝东细数着一丝一丝漏下来的日光，或在破壁腰中，静对着像喇叭似的牵牛花（朝荣）的蓝朵，自然而然地也能够感觉到十分的秋意。说到了牵牛花，我以为以蓝色或白色者为佳，紫黑色次之，淡红色最下。最好，还要在牵牛花底，教长着几根疏疏落落的尖细且长的秋草，使作陪衬。

北国的槐树，也是一种能使人联想起秋来的点缀。像花而又不是花的那一种落蕊，早晨起来，会铺得满地。脚踏上去，声音也没有，气味也没有，只能感出一点点极微细极柔软的触觉。扫街的在树影下一阵扫后，灰土上留下来的一条条扫帚的丝纹，看起来既觉得细腻，又觉得清闲，潜意识下并且还觉得有点儿落寞，古人所说的梧桐一叶而天下知秋的遥想，大约也就在这些深沉的地方。

秋蝉的衰弱的残声，更是北国的特产，因为北平处处全长着树，屋子又低，所以无论在什么地方，都听得见它们的啼唱。在南方是非要上郊外或山上去才听得到的。这秋蝉的嘶叫，在北方可和蟋蟀耗子一样，简直像是家家户户都养在家里的家虫。

还有秋雨哩，北方的秋雨，也似乎比南方的下得奇，下得有味，下得更像样。

在灰沉沉的天底下，忽而来一阵凉风，便息列索落地下起雨来了。一层雨过，云渐渐地卷向了西去，天又晴了，太阳又露出脸来了，着着很厚的青布单衣或夹袄的都市闲人，咬着烟管，在雨后的斜桥影里，上桥头树底下去一立，遇见熟人，便会用了缓慢悠闲的声调，微叹着互答着地说：

“唉，天可真凉了——”（这了字念得很高，拖得很长。）

“可不是吗？一层秋雨一层凉了！”

北方人念阵字，总老像是层字，平平仄仄起来，这念错的歧韵，倒来得正好。

北方的果树，到秋天，也是一种奇景。第一是枣子树，屋角，墙头，茅房边上，灶房门口，它都会一株株地长大起来。像橄榄又像鸽蛋似的这枣子颗儿，在小椭圆形的细叶中间，显出淡绿微黄的颜色的时候，正是秋的全盛时期，等枣树叶落，枣子红完，西北风就要起来了，北方便是沙尘灰土的世界，只有这枣子、柿子、葡萄，成熟到八九分的七八月之交，是北国的清秋的佳日，是一年之中最好也没有的 GoldenDays。

有些批评家说，中国的文人学士，尤其是诗人，都带着很浓厚的颓废的色彩，所以中国的诗文里，赞颂秋的文字的特别的多。但外国的诗人，又何尝不然？我虽则外国诗文念的不多，也不想开出账来，做一篇秋的诗歌散文钞，但你若去一翻英德法意等诗人的集子，或各国的诗文的 Anthology 来，总能够看到许多关于秋的歌颂和悲啼。各著名的大诗人的长篇田园诗或四季诗里，也总以关于秋的部分，写得最出色而最有味。足见有感觉的动物，有情趣的人类，对于秋，总是一样地特别能引起深沉、幽远、严厉、萧索的感触来的。不单是诗人，就是被关闭在牢狱里的囚犯，到了秋天，我想也一定能感到一种不能自已的深情，秋之于人，何尝有国别，更何尝有人种阶级的区别呢？不过在中国，文字里有一个“秋士”的成语，读本里又有着很普遍的欧阳子的《秋声》与苏东坡的《赤壁赋》等，就觉得中国的文人，与秋的关系特别深了，可是这秋的深味，尤其是中国的秋的深味，非要在北方，才感受得到底。

南国之秋，当然也是有它的特异的地方的，比如廿四桥的明月，钱塘江的秋潮，普陀山的凉雾，荔枝湾的残荷等等，可是色彩不浓，回味不永。比起北国的秋来，正像是黄酒之与白干，稀饭之与馍馍，鲈鱼之与大蟹，黄犬之与骆驼。

秋天，这北国的秋天，若留得住的话，我愿把寿命的三分之二折去，换得一个三分之一的零头。

一九三四年八月，在北平。

你喜欢秋季吗？你喜欢秋季的什么？作者郁达夫在这篇文章中就写出了他对北平秋天的喜爱。早晨落一地落蕊的槐树，唱着衰弱的残声的秋蝉，淅沥索落下起的秋雨，还有那萧索深沉的秋意，这些都是作者愿以寿命相换的挚爱。

静谧之冬

冬季在中国是指立冬到立春之间的三个月时间。冬季在很多地区都意味着沉寂和冷清，因为生物在寒冷来袭的时候会减少生命活动，很多植物会落叶，动物会选择冬眠。候鸟会飞到较为温暖的地方越冬。所以，冬季一到，万物萧杀。但也会别样的风景，皑皑的白雪，闪亮的冰凌，蓬松夸张的雾凇，都会把你带入另一个世界。

但有一点必须注意，冬季也是流感等疾病的多发季，在欣赏雪景的同时，也要注意防寒、防感冒。

如果做好了一切准备，就张开双臂，迎接一个愉快的冬天吧。

第一节　冬季里的节气和养生

冬天里的节气包括：立冬、小雪、大雪、冬至、小寒、大寒。

◎立　冬

每年的11月7日或8日是立冬节气，太阳到达黄经225°，北半球获得的太阳辐射量越来越少，由于此时地表夏半年贮存的热量还有一定的剩余，所以一般还不太冷。晴朗无风之时，常有温暖舒适的“小阳春”天气，不仅十分宜人，对冬作物的生长也十分有利。但是，这时北方冷空气也已具有较强的势力，常频频南侵，有时形成大风、降温并伴有雨雪的寒潮天气。从多年的平均状况看，11月是寒潮出现最多的月份。剧烈的降温，特别是冷暖异常的天气对人们的生活、健康以及农业生产均有严重的不利影响。注意气象预报，根据天气变化及时搞好人体防护和农作物寒害、冻害等的防御，显得十分重要。

立冬前后，我国大部分地区降水显著减少。东北地区大地封冻，农林作物进入越冬期；江淮地区三秋已接近尾

你知道吗

南北温差巨大

我国幅员辽阔，南北纵跨数十个纬度，因而存在南北温差。但立冬之后南北温差更加拉大。11月，我国的青藏高原大部、内蒙古和黑龙江的北部地区，平均温度已达－10℃左右。最北部的漠河和海南省的海口，两者的温差可达30℃～50℃之多。北方的许多地方已是风干物燥、万物凋零、寒气逼人；而华南仍是青山绿水、鸟语花香、温暖宜人。

雪中麦田

声；江南正忙着抢种晚茬冬麦，抓紧移栽油菜；而华南却是“立冬种麦正当时”的最佳时期。此时水分条件的好坏与农作物的苗期生长及越冬都有着十分密切的关系。华北及黄淮地区一定要在日平均气温下降到4℃左右，田间土壤夜冻昼消之时，抓紧时机浇好麦、菜及果园的冬水，以补充土壤水分不足，改善田间小气候环境，防止“旱助寒威”，减轻和避免冻害的发生。江南及华南地区，及时开好田间“丰产沟”，搞好清沟排水，是防止冬季涝渍和冰冻危害的重要措施。另外，立冬后空气一般渐趋干燥，土壤含水较少，林区的防火工作也该提上重要的议事日程了。

立冬以后，天气转寒，如何增强对寒冷的抗御能力？不外乎使体内产热增加，散热减少，其方法与衣食住行无不相关。调整饮食增加热量是其中的方法之一。寒冷的环境，适当进食高热量食品，能促进糖、脂肪、蛋白

拓展阅读

小雪农事活动

在小雪节气初，东北土壤冻结深度已达10厘米，往后差不多一昼夜平均多冻结1厘米，到节气末便冻结了一米多。所以俗话说“小雪地封严”，之后大小江河陆续封冻。农谚道：“小雪雪满天，来年必丰年。”这里有三层意思，一是小雪落雪，来年雨水均匀，无大旱涝；二是下雪可冻死一些病菌和害虫，明年减轻病虫害的发生；三是积雪有保暖作用，利于土壤的有机物分解，增强土壤肥力。因此俗话说“瑞雪兆丰年”，是有一定科学道理的。

质的分解代谢，0℃左右，糖转化为脂肪的速度加快，随之皮下脂肪增多，使之减少散热，故应多吃具有御寒功效的食物，进行温补和调养，滋养五脏、扶正固本、培育元气，促使体内阳气升发，从而温养全身组织，促进新陈代谢，使身体更强壮，有利于抗拒外邪，起到很好的御寒作用，减少疾病的发生。

◎小　雪

每年 11 月 22 日或 23 日，太阳到达黄经 240°时为小雪。“小雪”节由于天气寒冷，降水形式由雨变为雪，但此时由于雪量还不大，所以称为小雪。随着冬季的到来，气候渐冷，不仅地面上的露珠变成了霜，而且也使天空中的雨变成了雪花，下雪后，使大地披上洁白的素装。但由于这时的天气还不算太冷，所以下的雪常常是半冰半融状态，或落到地面后立即融化了，气象学上称之为“湿雪”；有时还会雨雪同降，叫做“雨夹雪”；还有时降如同米粒一样大小的白色冰粒，称为“米雪”。

雪花的形状

小　雪

小雪前后，我国大部分地区农业生产开始进入冬季管理和农田水利基本建设。黄河以北地区已到了北风吹、雪花飘的孟冬，此时我国北方地区会出现初雪，虽雪量有限，但还是提示我们到了御寒保暖的季节。小雪节气的前后，天气时常是阴冷晦暗的，此时人们的心情也会受其影响，特别是那些患有抑郁症的朋友更容易加重病情。

这个季节宜吃温补性食物和益肾食品。温补性食物有羊肉、牛肉、鸡肉、狗肉、鹿茸等；益肾食品有腰果、芡实、山药熬粥、栗子炖肉、白果炖鸡、大骨头汤、核桃等。另外，要多吃炖食和黑色食品如黑木耳、黑芝麻、黑豆等。

◎大　雪

每年的 12 月 7 日或 8 日，太阳到达黄经 255°，此时为大雪。大雪的意思是天气更冷，降雪的可能性比小雪时更大了，并不指降雪量一定很大。相反，大雪后各地降水量均进一步减少，东北、华北地区 12 月平均降水量一般只有几毫米，西北地区则不到 1 毫米。雪的大小按降雪量分类时，一般降雪量 5 ~ 10 毫米。

人常说，“瑞雪兆丰年”。严冬积雪覆盖大地，可保持地面及作物周围的温度不会因寒流侵袭而降得很低，为冬作物创造了良好的越冬环境。积雪融化时又增加了土壤水分含量，可供作物春季生长的需要。另外，雪水中氮化物的含量是普通雨水的 5 倍，还有一定的肥田作用。

大雪期间要注意保暖，居室温度最好保持在 20℃ 左右，睡

拓展阅读

大雪农事指南

大雪时节，黄河流域一带已有积雪，天气寒冷。各地要加强冬小麦、油菜等春花作物的田间管理，查苗补缺，中耕松土，早施苗肥，培育壮苗。随着隆冬季节的临近，着手做好菜苗、果树、苗木、花卉与家畜的保暖工作。

眠时，床上要使用电热毯、热水袋等，要多参加一些活动，如散步、打太极拳等。应多进食一些高热量的食物，但不宜多饮酒。

大　雪

◎冬　至

每年的阳历12月22日或21日是冬至，太阳照在南回归线上。这一天是北半球全年中白天最短、夜晚最长的一天。冬至过后，各地气候都进入一个最寒冷的阶段，也就是人们常说的“进九”。

农事上，“冬至”后应集中力量，趁农闲大搞农田水利建设，并积肥造肥，为来年春种做好准备。及时消灭过冬虫卵。在华南地区，要施好肥，防止冻伤。冬天夜长温度低，要饲喂好牛马等大牲畜，应加喂一次夜料，让牲畜常晒太阳，以增强耕畜的抗寒能力。

趣味点击　冬至的传统饮食

冬至是养生的大好时机，主要是因为“气始于冬至”。因为从冬季开始，生命活动开始由盛转衰，由动转静。此时科学养生有助于保证旺盛的精力而防早衰，达到延年益寿的目的。冬至时节饮食宜多样，谷、果、肉、蔬合理搭配，适当选用高钙食品。

各地在冬至时有不同的风俗，北方地区有冬至宰羊、吃饺子、吃馄饨的习俗，南方地区在这一天则有吃冬至米团、冬至长线面的习惯，而苏南人在冬至时吃大葱炒豆腐。

注意防寒保暖。在气温降到0℃以下时，要及时增添衣服，衣裤既要保暖性能好，又要柔软宽松，不宜穿得过紧，以利血液流畅。合理调节饮食起居，不酗酒、不吸烟，不过度劳累。保持良好的心境，情绪要稳定、愉快，切忌发怒、急躁和精神抑郁。进行适当的御寒锻炼，如平时坚持用冷水洗脸等，提高机体对寒冷的适应性和耐寒能力。随时观察和注意病情变化，定期去医院检查，服用必要的药物，控制病情的发展，防患于未然。

◎小　寒

每年1月6日或5日，太阳位于黄经285°是小寒。对于中国而言，小寒标志着开始进入一年中最寒冷的日子。根据中国的气象资料，小寒是气温最低的的节气，只有少数年份的大寒气温低于小寒的。

这时北京的平均气温一般在－5℃上下，极端最低温度在－15℃以下；我国东北北部地区，这时的平均气温在－30℃左右，极端最低气温可低达－50℃以下，午后最高气温平均也不过－20℃，真是一个冰雕玉琢的世界。黑龙江、内蒙古和新疆45°N（北纬）以北的地区及藏北高原，平均气温在－20℃上下，40°N（北纬）附近的河套以西地区平均气温在－10℃上下，都是一派严冬的景象。到秦岭、淮河一线平均气温则在0℃左右，此线以南已经没有季节性的冻土，冬作物也没有明显的越冬期。这时的江南地区平均气温一般在5℃上下，虽然田野里仍是充满生机，但亦时有冷空气南下，造成一定危害。

拓展阅读

当归生姜羊肉汤

当归20克，生姜30克，羊肉500克，黄酒、调料适量。

将羊肉洗净，切为碎块，加入当归、生姜、黄酒及调料，炖煮1—2小时，食肉喝汤。有温中补血、祛寒强身的作用，适用于神疲乏力、面色苍白、畏寒肢冷等血虚及阳虚的人群。

小寒处在一年中最冷的时刻，这时正是人们加强身体锻炼，提高身体素质的大好时节。冬季锻炼身体，最好早睡晚起，锻炼的时间最好在日出后，气温略高时才开始。由于天气寒冷，体表的血管遇冷收缩，血流缓慢，韧带的弹性和关节的灵活度降低，所以锻炼前要做好充分的热身活动，准备动作做好，可避免锻炼时发生肌肉损伤。

◎大　寒

每年1月20日或21日太阳到达黄经300°时为大寒。它是中国二十四节气最后一个节气，过了大寒，又迎来新一年的节气轮回。大寒节气里，各地农活依旧很少。北方地区老百姓多忙于积肥堆肥，为开春做准备，或者加强牲畜的防寒防冻。南方地区则仍加强小麦及其他作物的田间管理。广东岭南地区有大寒联合捉田鼠的习俗。因为这时作物已收割完毕，平时看不到的田鼠窝多显露出来，大寒也成为岭南当地集中消灭田鼠的重要时机。除此以外，各地人们还以大寒气候的变化预测来年雨水及粮食丰歉情况，便于及早安排农事。

趣味点击　大寒日期计算

大寒时间：阳历1月20日或21日。计算公式：[Y*D+C] -L公式解读：Y = 年数的后二位，D = 0.2422，L=闰年数，21世纪C=20×12，21世纪C=20×84。举例说明：2089年大寒日期 = [890×2422+20×12] - [(89-1) /4] =41-22=19，1月19日大寒。注意：2082年的计算结果加1日。

此时天气虽然寒冷，但因为已近春天，所以不会像大雪到冬至期间那样酷寒。这时节，人们开始忙着除旧布新，腌制年肴，准备年货，因为中国人最重要的节日——春节就要到了。其间还有一个对于北方人非常重要的日子

——腊八，即阴历十二月初八。在这一天，人们用五谷杂粮加上花生、栗子、红枣、莲子等熬成一锅香甜美味的腊八粥，是人们过年中不可或缺的一道主食。

麦田收割

又因为大寒与立春相交接，讲究的人家在饮食上也顺应季节的变化。大寒进补的食物量逐渐减少，多添加些具有升散性质的食物，以适应春天万物的升发。

第二节　冬季里的节日和习俗

◎冬至吃饺子

冬至过节源于汉代，盛于唐宋，相沿至今。《清嘉录》甚至有“冬至大如年”之说，表明古人对冬至十分重视。人们认为冬至是阴阳二气的自然转化，是上天赐予的福气。汉朝以冬至为“冬节”，官府要举行祝贺仪式称为“贺冬”，例行放假。《后汉书》中有这样的记载：“冬至前后，君子安身静体，百官绝事，不听政，择吉辰而后省事。”所以这天朝廷上下要放假休息，军队待命，边塞闭关，商旅停业，亲朋各以美食相赠，相互拜访，欢乐地过一个“安身静体”的节日。

知识小链接

饺子

饺子源于古代的角子。饺子原名“娇耳”，相传是我国医圣张仲景首先发明的，距今已有1800多年的历史了。是深受中国汉族人民喜爱的传统特色食品，又称水饺，是中国北方民间的主食和地方小吃，也是年节食品。有一句民谣叫“大寒小寒，吃饺子过年”。饺子多用面皮包馅水煮而成。如今，中国特色健康保健食品——饺子，已走向世界，深受世界各国人民的喜爱。如日本饺子、朝鲜饺子、韩国饺子、越南饺子、墨西哥饺子等。

冬至吃饺子

吃“捏冻耳朵”是冬至河南人吃饺子的俗称。缘何有这种食俗呢？相传南阳医圣张仲景曾在长沙为官，他告老还乡那时适是大雪纷飞的冬天，寒风刺骨。他看见南阳白河两岸的乡亲衣不遮体，有不少人的耳朵被冻烂了，心里非常难过，就叫其弟子在南阳关东搭起医棚，用羊肉、辣椒和一些驱寒药材放置锅里煮熟，捞出来剁碎，用面皮包成像耳朵的样子，再放下锅里煮熟，做成一种叫“驱寒矫耳汤”的药物施舍给百姓吃。服食后，乡亲们的耳朵都治好了。后来，每逢冬至人们便模仿做着吃，是故形成“捏冻耳朵”此种习俗。以后人们称它为“饺子”，也有的称它为“扁食”和“烫面饺”，人们还纷纷传说吃了冬至的饺子不冻人。

◎腊八节

农历十二月（腊月）初八，称为腊八节。腊八节的渊源，应为上古时代的腊祭。我国自古就重视农业。每当农业生产获得丰收时，古人便认为是天地万物诸神助佑的结果，要举行庆祝农业丰收的盛大报谢典礼，称为大腊。腊祭仪式结束以后，古人要进行宴乡活动，用新产的黍糜做粥，大伙儿聚餐，欢度佳节。民间传统腊八粥，讲究选用八种主料，八种佐料，以与腊八的八相吻合，意喻吉利。

基本小知识

腊八蒜

泡腊八蒜是北方，尤其是华北地区的一个习俗。顾名思义，就是在阴历腊月初八的这天来泡制蒜。其实材料非常简单，就是醋和大蒜瓣儿。做法也是极其简单，将剥了皮的蒜瓣儿放到一个可以密封的罐子，瓶子之类的容器里面，然后倒入醋，封上口放到一个冷的地方。慢慢地，泡在醋中的蒜就会变绿，最后会变得通体碧绿的，如同翡翠碧玉。老北京人家，一到腊月初八，过年的气氛一天赛过一天，华北大部分地区在腊月初八这天有用醋泡蒜的习俗，叫“腊八蒜”。

腊八粥主料以豆米为大宗。豆类有红豆、绿豆、豇豆、扁豆、豌豆、蚕豆及各色莲豆等等。米类有小米、大米、黄米、粳米、江米、稗米、小麦、燕麦、玉米、高粱米等等。根据喜好和习惯选用。民间吃腊八粥，讲究在太阳出山以前。吃饭时，小孩端一碗粥，先用筷子往院内各棵树上抹一些，然后用斧头或木棍敲打树干三下。口中还唱道：“管你结枣不结枣，年年打你三斧脑”、“看你结杏不结杏，年年打你大三棍”等等。习惯称之为祭树，却有除虫防虫之效益。

过了腊八节，民间就认为是已进入年节，要为过大年做准备工作。碾米、磨面，生豆芽，做豆腐，摊煎饼，赶集置办年货。

腊八粥材料

◎过小年

阴历十二月（腊月）二十三日（或二十四日），民间称为过小年，是祭祀灶君的节日。

灶君神像，贴在锅灶旁边正对风匣的墙上。两边配联多为“上天言好事，下界保平安”，下联也有写成“回宫降吉祥”的。中间是灶君夫妇神像，神像旁边往往画两匹马作为坐骑。祭灶时要陈设供品，供品中最突出的是糖瓜。晋北地区习惯用饧，是麻糖的初级品，特黏，现在统称麻糖。有“二十三，吃饧板”的民谚。糖、饧之类食品既甜又黏。取意灶君顾了吃，顾不了说话，上天后嘴被饧黏住，免生是非。供品中还要摆上几颗鸡蛋，是给狐狸、黄鼠狼之类的零食。据说它们都是灶君的部下，不能不打点一下。祭灶时除上香、送酒以外，特别要为灶君坐骑撒马料，要从灶台前一直撒到厨房门外。这些仪程完了以后，就要将灶君神像拿下来烧掉。等到除夕时再设新神像。

趣味点击　小年剪窗花

剪窗花的所有准备工作中，剪贴窗花是最盛行的民俗活动。内容有各种动、植物等掌故，如喜鹊登梅，燕穿桃柳，孔雀戏牡丹，狮子滚绣球，三羊（阳）开泰，二龙戏珠，鹿鹤桐椿（六合同春），五蝠（福）捧寿，犀牛望月，莲（连）年有鱼（余），鸳鸯戏水，刘海戏金蝉，和合二仙等等。

过了二十三，民间认为诸神上了天，百无禁忌。娶媳妇、聘闺女不用择日子，称为赶乱婚。直至年底，举行结婚典礼的特别多。民谣有“岁晏乡村嫁娶忙，宜春帖子逗春光。灯前姊妹私相语，守岁今年是洞房”的说法。

小年过后，离春节只剩下六七天了，过年的准备工作显得更加热烈了。要彻底打扫室内，俗称“扫家”，清理箱、柜、炕席底下的尘土，粉刷墙壁，擦洗玻璃，糊花窗，贴年画等等。

灶　君

◎除夕守岁

中国民间在除夕有守岁的习惯。守岁是从吃年夜饭开始，这顿年夜饭要慢慢地吃，从掌灯时分入席，有的人家一直要吃到深夜。根据宗懔《荆楚岁时记》的记载，至少在南北朝时已有吃年夜饭的习俗。守岁的习俗，既有对如水逝去的岁月含惜别留恋之情，又有对来临的新年寄以美好希望之意。古人在一首《守岁》诗中写道：“相邀守岁阿戎家，蜡炬传红向碧纱。三十六旬都浪过，偏从此夜惜年华。”珍惜年华是人之常情，故大诗人苏轼写下了《守岁》名句：“明年岂无年，心事恐蹉跎。努力尽今夕，少年犹可夸！”可见除夕守岁的积极意义。

在这“一夜连双岁，五更分二年”的晚上，家人团圆，欢聚一堂。全家人围坐在一起，茶点瓜果放满一桌。大年摆供，苹果一大盘是少不了的，这叫做“平平安安”。在北方，有的人家还要供一盆饭，年前烧好，要供过年，叫做“隔年饭”，是年年有剩饭，一年到头吃不完，今年还吃昔年粮的意思。

这盆隔年饭一般用大米和小米混合起来煮，北京俗话叫“二米子饭”，是为了有黄有白，这叫做“有金有银，金银满盆”的“金银饭”。不少地方在守岁时所备的糕点瓜果，都是想讨个吉利的口彩：吃枣（春来早），吃柿饼（事事如意），吃杏仁（幸福人），吃长生果（长生不老），吃年糕（一年比一年高）。除夕之夜，一家老小，边吃边乐，谈笑畅叙。也有的俗户人家推牌九、掷骰子、赌梭哈、打麻将，喧哗笑闹之声汇成了除夕欢乐的高潮。通宵守夜，象征着把一切邪瘟病疫照跑驱走，期待着新的一年吉祥如意。

知识小链接

九华山除夕进香

九华山居民吃过除夕团圆饭后，或看电视守岁、或娱乐，直至新年〇点钟声敲响后，有的是全家出动，有的是家主代表，先洗脸漱口，燃放鞭炮、烟花，谓之“出行”；再将事先准备好的香、鞭炮、烟花带上到肉身宝殿进香。

进香途中，即使遇见熟人，也不言不语，进香完毕回家时方可相互招呼致意。除夕进香是为了祈求新的一年里平安如愿。据说若烧得第一炷香，最为吉祥。

第三节　花朵在冬季绽放

◎梅　花

梅花是腊月里开花的花卉，开在天寒地冻、大雪纷飞的雪地里，这种不畏霜雪的坚贞高洁，千余年来一直赢得最高的赞誉。

梅　花

古人说，梅具四德，初生蕊为元，开花为亨，结子为利，成熟为贞。后人又有另一种说法：梅花五瓣，是五福的象征。一是快乐，二是幸运，三是长寿，四是顺利，五是我们最希望的和平。梅常被民间作为传春报喜的吉祥象征，梅花是岁寒三友之一。自古以来，人们都赞美它的傲雪精神，它的孤独的不与百花争春的高洁的美。所以，它象征：隐者高士、冷美人、高风亮节的人。

南朝武帝刘裕之女寿阳公主有一段与梅花有关的动人故事：一年的正月初七这天，寿阳公主在御花园里赏玩梅花，玩得累了，她便斜卧在含章殿下小睡一番。殿旁的一株梅花飘落了一些梅花，有一朵梅花正好落在寿阳公主的前额上，留下了五瓣淡红色的痕迹。她醒后自己并未发觉，别人看了却都觉得她在额上印着淡红的梅痕，显得更妩媚动人了。于是宫中妇女纷纷仿效，以梅花印额，称作“梅花妆”。

拓展阅读

梅花园艺学

在园林、绿地、庭园、风景区，可孤植、丛植、群植等；也可在屋前、坡上、石际、路边自然配植。若用常绿乔木或深色建筑作背景，更可衬托出梅花玉洁冰溥清之美。如松、竹、梅相，苍松是背景，修竹是客景，梅花是主景。古代强调“梅花绕屋”、“登楼观梅”等，均是为了获取最佳的观赏效果。另外，梅花可布置成梅岭、梅峰、梅园、梅溪、梅径、梅坞等。

◎一品红

一品红，又名为圣诞花（台湾名为圣诞红），是在圣诞节用来摆设的著名的红色花卉，这是因为其鲜艳的红色充满圣诞气氛。那些被人认为是花朵的红色部分其实是叶，而真正的花是在叶束中间的部分。一品红通常高60～300厘米，其深绿色的叶长为7～16厘米。其最顶层的叶是火红色、红色或白色的，因此经常被误会为花朵。

相传古时候，在北美洲墨西哥城南，有一个村庄，土地肥沃，水源充足，农牧业甚为兴旺，人们过着安居乐业的生活。有一年的夏季，突然发生了泥石流，一块巨石把水源切断，造成该地区严重缺水，土地干裂。这时村庄里有一个名叫波尔切里马的勇士，不顾个人安危，凿石取水，夜以继日，终于将巨石凿开，清泉像猛虎般的冲出，波尔切里马由于疲劳过度，被水冲走，人们到处寻找，未见人影。时间一天天过去，一天，一个放牧人在水边发现一株顶叶鲜红的花，格外美丽。这事惊动了村庄百姓，村民说："这花很像波尔切里马，生前很喜欢穿红上衣。"人们为了纪念舍身取水之人，就将此花命名为"波尔切里马花"，这种传说中

广角镜

一品红的观赏价值

一品红开花期间适逢圣诞节，故又称"圣诞红"。这是一种适合任何祝福的花。尤其是红而大的叶子，一副喜气洋洋的模样，好像正握着双手向人道贺似的。它是代表圣诞节的最佳花朵，但是在一些婚礼中，也可以看到红白两色一品红，仪表的意思是"我的心正在燃烧"，也可作为求爱之用咧！把它当成礼物送人，一定能让对方欣喜。使婚宴气氛更显得温馨热闹。在寒冷的冬季里，放一盆鲜红的圣诞红在家中，感觉就像是点燃了一盆温暖的炉火一样。所以，它的花语之一是：表现出你一片炽热的热情。

的花卉就是我们今天熟识的“一品红”。

一品红

◎小苍兰

小苍兰，别名香雪兰、小菖兰、洋晚香玉、麦兰等，为鸢尾科球根花卉。花期在春节前后，香气浓郁醇正，形态绮丽，花色鲜艳，有鲜黄、洁白、橙红、粉红、雪青、紫、大红等，是人们喜爱的冬季室内盆栽花卉，也是重要的切花材料。

小苍兰花朵虽小，却别有一种细致的韵味和淡雅的幽香，象征着纯洁、天真、浓情和清新，传说能给天真烂漫的持有者带来幸运。

相传在两千年以前，在南非开普顿地区一个小山村里，住着一个青年，叫 Fred。有一日他在山中遇到一位美女，美女告诉 Fred 她叫 Malesia，是桌山山神的小女儿，因爱慕 Fred 的勤劳朴实，从家里逃出。憨厚的 Fred 很快就喜欢上了这个活泼顽皮可爱善良的女孩，两人幸福地生活在一起。忽一日，黑云密布，炸雷响起，闪电处，飘下七八个手

拓展阅读

观赏应用

小苍兰适于盆栽或做切花，其株态清秀，花色丰富浓艳，芳香酸郁，花期较长。花期正值缺花季节，在元旦、春节开放，深受人们欢迎。可做盆花点缀厅房、案头，也可切花瓶插或做花篮。在温暖地区可栽于庭院中作为地栽观赏花卉，用作花坛或自然片植。

小苍兰

持钢叉、铁棍的天神，不容分说抓起Malesia就走，Fred急了，奋不顾身地扑了上去，他要从“魔鬼”手里抢回自己的爱妻。这几个天神是Malesia的父亲派下来的，悲剧发生了，Malesia的胸口碰到兵丁的刀尖上，顿时，殷红的鲜血透过洁白的纱裙滴到碧绿的草地上，兵将们傻了，Fred傻了，死一般的寂静。突然，Fred疯了一样抱起Malesia向兵将们冲去，Fred倒在了血泊之中……雨过天晴，白云无语，小鸟无言，绿草丛中，斑驳的血迹间两株花儿迎风绽放，分外抢眼，一株红似血，一株白若雪，傲然屹立在春风中，摇曳生姿，卓尔不群。儿女们为了纪念他们的父亲Fred和母亲Malesia，把这两株花叫Freesia。同时，Free有自由的意思，sia在当地语言中有水、小溪的意思，Freesia也就有了“生活在恬静的小溪边过着自由温馨日子”的含义。

◎仙客来

仙客来，别名萝卜海棠、兔耳花、兔子花、一品冠、篝火

拓展阅读

仙客来的培育

一般情况新繁殖的仙客来苗开花较早，球茎越夏的苗开花略迟。如现蕾期间，移至温度较高处（温度不超过18℃）并保持一定湿度，可提前开花。又如花蕾形成后，花梗尚短时，可喷洒0. 01%赤霉素溶液于花梗，可促进生长，加快开花。若要培育新品种，选取优良亲本，进行人工授粉，在花药未成熟时，先用镊子去雄，套袋，然后进行杂交，就有可能培育出新品种来。

花、翻瓣莲，是紫金牛科仙客来属多年生草本植物。仙客来是一种普遍种植的鲜花，适合种植于室内花盆，冬季则需温室种植。仙客来的某些栽培种有浓郁的香气，而有些香气淡或无香气。此植物有一定的毒性，尤其根茎部，误食可能会导致拉肚子、呕吐等症状；皮肤接触后可能会引起皮肤红肿瘙痒；若有这些症状出现请去咨询医生指导，不要让动物或小孩误食此植物及其根茎。

仙客来

传说嫦娥身在月宫，心却在人间，她常呆坐桂花树下，远望人间，思念亲人。一天，她实在敌不过相思之苦，便偷偷带着相依为命的玉兔来到人间，看望夫君后羿。久别相聚，两情相依，嫦娥与夫君后羿沉醉在互诉衷肠中。灵性的玉兔不忍打扰这对苦命的夫妻难得的相聚，自个儿到花园中与老园丁嬉戏去了。玉兔与老园丁性情相投，相处时间虽不长，却结下了深厚的友谊，无奈天色渐明，不得不分手了，嫦娥与后羿泪水涟涟，玉兔与老园丁也难舍难分。泪眼通红的玉兔从耳朵里取出一粒种子，送给老园丁做纪念。嫦娥与玉兔离去后，后羿与老园丁将这粒种子种在花园里，日日浇水，夜夜施肥，日复一日，把对嫦娥与玉兔的思念全倾注在这粒种子上，功夫不负苦心人，终于，这粒种子发出了芽儿，长成了苗儿，开出了一朵朵像小兔子头似的花儿，那花儿翘首望月，实实地怜煞人、爱煞人，因取名为兔子花，后改名仙客来。

第四节 冬季里水果依然飘香

◎橘子

趣味点击 橘子做成佳肴

1. 橘皮粥：在熬大米粥时，在粥烧滚前，放入几小块干净的橘子皮，等粥煮熟后，不仅芳香可口而且开胃，对胸腹胀满或咳嗽痰多的人，能够起到饮食治疗的作用。

2. 橘皮茶：把洗净的橘子皮切成丝、丁或块，用时可以用开水冲泡，也可以和茶叶一起饮，不仅味道清香，而且具有开胃、通气、提神的功效。

3. 橘皮菜：吃过橘子后，把新鲜的橘皮收集起来，清洗干净，在清水中泡2天，然后切成细丝，再用白糖腌20天即可食。

橘子分早熟的和晚熟的，一般来说早熟的在8月就可以了，晚熟的话可以晚到11月。柑、橘、橙是柑橘类水果中的三个不同品种，由于它们外形相似，易被人们所混淆。柑橘，是橘、柑、橙、金柑，柚、枳等的总称，柑和橘的名称长期以来都很混乱。按科学的角度来衡量，橘是基本种，花小、果皮好剥、种子的胚多属深绿色；柑是橘与甜橙等其他柑橘的杂种，花大，果实剥皮不如橘好剥，种子的胚为淡绿色。因此，在宽皮柑橘中，橙橘（芦柑）是橘不是柑，温州蜜橘是柑不是橘。柑和橘在植物分类学上是同科同属而不同种的木本植物。另外柑和橘两者常统称为“柑橘”。

中医认为，橘子具有润肺、止咳、化痰、健脾、顺气、止渴的药效，是男女老幼（尤其是老年人、急慢性支气管炎以及心血管病患者）皆食的上乘果品。橘子可谓全身都是宝：不仅果肉的药用价值较高，其皮、核、络、叶都是“地道药材”。橘皮入药称为“陈皮”，具有理气燥湿、化痰止咳、健脾和胃的功效，常用于防治胸胁胀痛、疝气、乳胀、乳房结块、胃痛、食积等症。

橘　子

◎ 小番茄

小番茄成熟于冬末。小番茄又叫樱桃番茄，果实形状多为李子形、梨形，成熟果实常为鲜红色，也有粉红色、橙色或黄色的。有粉红色、橙色或黄色的。

基本小知识

维生素

维生素是人和动物为维持正常的生理功能而必须从食物中获得的一类微量有机物质，在人体生长、代谢、发育过程中发挥着重要的作用。

同大果形番茄一样，不宜空腹食用，因为番茄果实中含大量果胶和木棉酚等成分，易与胃酸形成不溶性块状物，引起胃扩张和剧痛。传统医学认为，番茄性微寒，味甘酸，功能健胃消食，生津止渴，清热凉血，补肾利尿。现

小番茄

代研究发现，樱桃番茄的维生素 C 含量略高于大果形番茄，但总的说来，都不能算高。但由于果实中同时存在着大量有机酸，对维生素 C 能起很好的保护作用。试验证明，番茄去皮，切块，油炒 3—4 分钟，维生素 C 保存率高达 93%。考虑到果实内的呈色色素番茄红素属于类胡萝卜素，为了利于人体对番茄红素的利用，以用植物油炒食为好。

同大番茄一样，青果不可食用。因为未完全成熟的果实含番茄碱，会引起中毒。樱桃番茄中维生素 PP 的含量居果蔬之首，维生素 PP 的作用是保护皮肤，维护胃液的正常分泌，促进红细胞的生成，对肝病也有辅助治疗作用。樱桃番茄中维生素 C 的含量是西瓜的 10 倍，由于其中有机酸可保护维生素 C 在煮食时不受或少受破坏，所以对多种癌症都有预防作用。

◎木　瓜

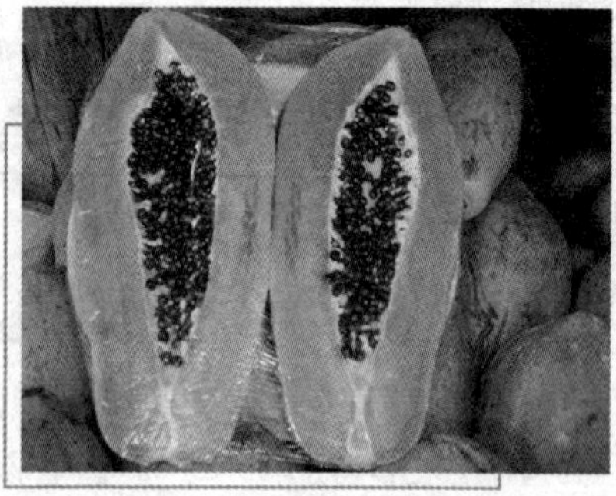
木　瓜

木瓜一年四季都会产，因为冬季其他温带水果较少，而一般热带水果如木瓜在这个季节就会成为人们的选择。木瓜素有“百益果王”之称。我们所说的木瓜有两大类，植物木瓜与热带水果番木瓜。木瓜从用途上也分为食用和药用木瓜。

番木瓜中的木瓜蛋白酶，可将脂肪

分解为脂肪酸。现代医学发现，木瓜中含有一种酵素，能消化蛋白质，有利于人体对食物进行消化和吸收，故有健脾消食之功。番木瓜碱和木瓜蛋白酶具有抗结核杆菌及寄生虫如绦虫、蛔虫、鞭虫、阿米巴原虫等作用，故可用于杀虫抗痨。

木瓜中的凝乳酶有通乳作用，番木瓜碱具有抗淋巴性白血病之功，故可用于通乳及治疗淋巴性白血病（血癌）。木瓜中含有大量水分、碳水化合物、蛋白质、脂肪、多种维生素及多种人体必需的氨基酸，可有效补充人体的养分，增强机体的抗病能力。

广角镜

淋　巴

也叫淋巴液，人和动物体内的无色透明液体，内含淋巴细胞，由组织液渗入淋巴管后形成。淋巴管是结构跟静脉相似的管子，分布在全身各部。淋巴在淋巴管内循环，最后流入静脉，是组织液流入血液的媒介。淋巴存在于人体的各个部位，对于人体的免疫系统有着至关重要的作用。

木瓜果肉中含有的番木瓜碱具有缓解痉挛疼痛的作用，对腓肠肌痉挛有明显的治疗作用。果实含有丰富木瓜酶，维生素 C、B 及钙、磷及矿物质，营养丰富，果实含大量丰富的胡萝卜素、蛋白质、钙盐、蛋白酶、柠檬酶等，具有防治高血压、肾炎、便秘和助消化、治胃病，对人体有促进新节代谢和抗衰老的作用，还有美容护肤养颜的功效。

◎甘　蔗

甘蔗成熟于 12 月。中国最常见的食用甘蔗为竹蔗。甘蔗适合栽种于土壤肥沃、阳光充足、冬夏温差大的地方。甘蔗是温带和热带农作物，是制造蔗糖的原料，且可提炼乙醇作为能源替代品。

全世界有一百多个国家出产甘蔗，最大的甘蔗生产国是巴西、印度和中国。甘蔗中含有丰富的糖分、水分，还含有对人体新陈代谢非常有益的各种维生素、脂肪、蛋白质、有机酸、钙、铁等物质，主要用于制糖，现广泛种植于热带及亚热带地区。甘蔗是我国制糖的主要原料。在世界食糖总产量中，蔗糖约占65%，我国则占80%以上。糖是人类必需的食用品之一，也是糖果、饮料等食品工业的重要原料。同时，甘蔗还是轻工、化工和能源的重要原料。

拓展思考

甘蔗挑选要素

鉴别甘蔗时应掌握“摸、看、闻”的原则，摸就是检验甘蔗的软硬度；看就是看甘蔗的瓤部是否新鲜（新鲜甘蔗质地坚硬，瓤部呈乳白色，有清香味）；闻就是鉴别甘蔗有无气味。霉变的甘蔗质地较软，瓤部颜色略深、呈淡褐色，闻之无味或略有酒糟味。

甘蔗味甘、性寒，具有清热解毒、生津止渴、和胃止呕、滋阴润燥等功效；主治口干舌燥、津液不足、小便不利、大便燥结、消化不良、反胃呕吐、呃逆、高热烦渴等。

甘　蔗

◎柳　橙

柳橙盛产期是12月到来年2月。柳橙果实长圆形或卵圆形，较小，单果重110克左右，果顶圆，有大而明显的印环，蒂部平，果蒂微凹；果皮橙黄色或橙色，稍光滑或有明显的沟纹；果皮中厚，风味浓甜，具浓香。柳橙的

柳 橙

品种很多，包括血橙、脐橙等。

柳橙含有大量维生素C和胡萝卜素，可以抑制致癌物质的形成，还能软化和保护血管，促进血液循环，降低胆固醇和血脂。研究显示，每天喝3杯橙汁可以增加体内高密度脂蛋白（HDL）的含量，从而降低患心脏病的可能。橙汁内含有一种特定的化学成分即类黄酮和柠檬素，可以促进HDL增加，并运送低密度脂蛋白到体外。经常食用橙子对预防胆囊疾病有效。橙子发出的气味有利于缓解人们的心理压力，有助于女性克服紧张情绪。

饭前或空腹时不宜食用，否则橙子所含的有机酸会刺激胃黏膜，对胃不利。吃橙子前后1小时内不要喝牛奶，因为牛奶中的蛋白质遇到果酸会凝固，影响消化吸收。橙子味美但不要吃得过多。吃完橙子应及时刷牙漱口，以免对口腔牙齿有害。不要用橙皮泡水饮用，因为橙皮上一般都会有保鲜剂，很难用水洗净。

基本小知识

胡萝卜素

胡萝卜中含有大量的β-胡萝卜素，摄入人体消化器官后，可以转化成维生素A，是目前最安全补充维生素A的产品（单纯补充化学合成维生素A，过量时会使人中毒）。它可以维护眼睛和皮肤的健康，改善夜盲症、皮肤粗糙的状况，有助于身体免受自由基的伤害，但不宜与醋等酸性物质同时服用。

◎柚　子

柚　子

一般的柚品种的成熟期大多集中在11—12月份，但矮晚柚的成熟期在第二年的1—2月，正值春节期间。柚子清香、酸甜、凉润，营养丰富，药用价值很高，是人们喜食的名贵水果之一，也是医学界公认的最具食疗效益的水果。柚子茶和柚子皮也都具实用价值。

现代药理学分析，柚子之肉与皮，均富含枳实，新橙皮和胡萝卜素，维生素B族、维生素C，矿物质，糖类及挥发油等。柚皮与其他黄酮类相似，有抗炎作用，柚皮复合物较纯品抗炎作用更强，现代医药学研究发现，柚肉中含有非常丰富的维生素C以及类胰岛素等成分，故有降血糖、降血脂、减肥、美肤养容等功效。经常食用，对糖尿病、血管硬化等疾病有辅助治疗作用，对肥胖者有健体养颜功能。但是不宜吃多，如果一次食柚量过

拓展阅读

沙田柚

沙田柚原产广西容县沙田，位列四大名柚之首。沙田柚呈自然生长状态，虽个头不大，味道却非常可口。树势强健，1—2年枝粗壮较直立，果实梨形或葫芦形，单果重500～1500克，果肉脆嫩爽口，白色或虾肉色，风味浓甜，品质上等。果实可食率为40%～60%，果汁含量30%～40%，每100毫升含总酸量0.3～0.6克、维生素C100～200毫克。果实10月上旬—11月中旬成熟。

多，不仅会影响肝脏解毒，使肝脏受到损伤，而且还会引起其他不良反应，甚至发生中毒，出现包括头昏、恶心、心悸、心动过速、倦怠乏力、血压降低等症状。

第五节　冬季里美丽的景色

◎香格里拉雪景

香格里拉雪景

云南香格里拉地处青藏高原东南边缘、横断山脉南段北端，“三江并流”之腹地，形成独特的融雪山、峡谷、草原、高山湖泊、原始森林和民族风情为一体的景观，为多功能的旅游风景名胜区。香格里拉共有著名旅游景点24个，是一个自然景观、人文景观的富集区域，是国家八大黄金旅游热线之一。

香格里拉景区内雪峰连绵，云南省最高峰卡瓦格博峰等巍峨壮丽。仅香格里拉（中甸）县境内，海拔4000米以上的雪山就达470座，峡谷纵横深切，最著名的有金沙江虎跳峡、澜沧江峡谷大峡谷，再有辽阔的高山草原牧场、莽莽的原始森林以及星罗棋布的高山湖泊，使香格里拉的自然景观神奇险峻而又清幽灵秀。

卡瓦格博峰海拔 6470 米，是藏传佛教的朝圣地。每年秋末冬初，西藏、四川、青海、甘肃的一批批香客，千里迢迢牵羊扶杖徒步赶来朝圣这心灵的自然丰碑。卡瓦格博峰，是云南省国家级重点风景区内“三江并流”主景观之一。太子十三峰环立于卡瓦格博峰四周，其中，缅楚姆（大海神女峰）线条优美，传说是卡瓦格博的妻子。

卡瓦格博峰

基本小知识

青藏高原

青藏高原，中国最大的高原，世界平均海拔最高的高原。大部在中国西南部，包括西藏自治区和青海省的全部、四川省西部、新疆维吾尔自治区南部，以及甘肃、云南的一部分。整个青藏高原还包括不丹、尼泊尔、印度、巴基斯坦、阿富汗、塔吉克斯坦、吉尔吉斯斯坦的部分，总面积 250 万平方公里。境内面积 240 万平方公里，平均海拔 4000～5000 米，有“世界屋脊”和“第三极”之称。

卡瓦格博峰下，冰川、冰斗连绵，其中“明永恰”和“斯农恰”如两条银鳞玉甲的长龙，从海拔 5500 米往下延伸至 2700 米森林地带，是世界稀有的低纬度、低海拔季风海洋性现代冰川。

另有哈巴雪山自然保护区。哈巴雪山自然保护区位于云南省迪庆藏族自治州香格里拉县东南部，距香格里拉县城 120 千米，总面积为 21908 公顷。

主峰海拔5396米，海拔最低点为江边行政村，仅1550米，海拔高差3846米。

整个保护区4000米以上是悬崖陡峭的雪峰，乱石嶙峋的流石滩和冰川。海拔4000米以下地势较缓，地貌呈阶梯状分布，依次分布着温带、寒温带、寒带等气候带，几乎可以称是整个滇西北气候的缩影，山脚与山顶的气温差达22.8℃。随着时令、阴晴的变化交错，雪峰变幻莫测，时而云蒸雾罩，时隐时现；时而云雾缥缈，丝丝缕缕荡漾在雪峰间，“白云无心若有意，时与白雪相吐吞”。

哈巴雪山自然保护区是以保护高山森林垂直分布的自然景观及滇金丝猴、野驴、猕猴为目的而设立的寒温带针叶林类型的自然保护区。保护区内呈立体分布着寒冻植被带、高山草甸和高山灌木丛、冷杉、云杉、山地常绿阔叶要带、干热河谷灌草丛带等，植物种类繁多。保护区内有虫草、贝母、珠子参、天麻、雪莲等名贵药材；而兰花、野牡丹等名花随处可见；在浓密的原始森林中，栖息着国家一类保护动物滇金丝猴、野驴，二类保护动物雪豹、原麝、马麝等。

哈巴雪山下的寺庙

哈巴雪山，山顶终年冰封雪冻，主峰挺拔孤傲，四座小峰环立周围，随着时令、阴晴的变化而变化。保护区内分布着众多的高山冰湖群，大部分海拔都在3500米以上。其中，以黑海、圆海、黄海、双海风景最佳。

◎黄山云海

自古黄山云成海，黄山是云雾之乡，以峰为体，以云为衣，其瑰丽壮观的“云海”以美、胜、奇、幻享誉古今，一年四季皆可观，尤以冬季景最佳。

依云海分布方位，全山有东海、南海、西海、北海和天海；而登莲花峰、天都峰、光明顶则可尽收诸海于眼底，领略“海到尽头天是岸，山登绝顶我为峰”之境地。

知识小链接

黄山

黄山位于安徽省南部黄山市境内，有“天下第一奇山”之美称。为道教圣地，遗址遗迹众多，传轩辕黄帝曾在此炼丹。徐霞客曾两次游黄山，留下“五岳归来不看山，黄山归来不看岳”的感叹。李白等大诗人在此留下了壮美诗篇。中国最美的、令人震撼的十大名山之一。

黄山云海

大凡高山，可以见到云海，但是黄山的云海更有其特色，奇峰怪石和古松隐现云海之中，就更增加了美感。水气升腾或雨后雾气未消，就会形成云海，波澜壮阔，一望无边，黄山大小山峰、千沟万壑都淹没在云涛雪浪里，天都峰、光明顶也就成了浩瀚云海中的孤岛。阳光照耀，云更白，松更翠，石更奇。流云散落在诸峰之间，云来雾去，变化莫测。风平浪静时，云海一铺万顷，波平如镜，映出山影如画，远处天高海阔，峰头似扁舟轻摇，近处仿佛触手可及，不禁想掬起一捧云来感受它的温柔质感。忽而，风起云涌，波涛滚滚，奔涌如潮，浩浩荡荡，更有飞流直泻，白浪排空，惊涛拍岸，似千军万马席卷群峰。待到微风轻拂，四方云幔，涓涓细流，从群峰之间穿隙而过；云海渐散，清淡处，一线阳光洒金绘彩，浓重处，升腾跌宕稍纵即逝。云海日出，日落云海，万道霞光，绚丽缤纷。

黄山云海

红树铺云，成片的红叶浮在云海之上，这是黄山深秋罕见的奇景。北海双剪峰，当云海经过时为两侧的山峰约束，从两峰之间流出，向下倾泻，如大河奔腾，又似白色的壶口瀑布，轻柔与静谧之中可以感受到暗流涌动和奔流不息的力量，是黄山的又一奇景。

玉屏楼观南海，清凉台望北海，排云亭看西海，白鹅岭赏东海，鳌鱼峰眺天海。由于山谷地形的原因，有时西海云遮雾罩，白鹅岭上却青烟缥缈，道道金光染出层层彩叶，北海竟晴空万里，人们为云海美景而上下奔波，谓之“赶海”。

◎腾冲樱花谷

腾冲樱花谷位于云南省。如梦的樱花、变色的温泉、千年的古树……樱花谷森林公园位于腾冲县城北25千米处，至今还保留着原生态。樱花谷由山门到谷底落差有近400米，与高黎贡山形成了典型的高山峡谷地貌。满山的粉红如霞的野樱花、金黄的落叶杉、层次分明的“一山四季”，让你有如是一场梦境，满山的野

腾冲樱花谷

樱花甚至让你找不出形容词，在高黎贡山浓绿的森林中，远远近近灿烂地开放着。没有日本樱花的哀怨，比圆通山的有朝气而且富有野性。借用古人的话“满头满衣襟上，皆是红香散乱”，溢满花香的微风里，那些粉白的花瓣飘落下来，纷纷扬扬，柔软芬芳，如“八万天女梳洗罢，齐向此地倾胭脂”。

基本小知识

温泉

温泉是泉水的一种，是一种由地下自然涌出的泉水，其水温高于20℃的泉。有的甚至可以洗澡、煮水饺、涮羊肉。形成温泉必须具备地底有热源存在、岩层中具裂隙让温泉涌出、地层中有储存热水的空间三个条件。

樱花谷里原始森林保护得非常完好，森林中松柏葱郁，古树参天，鸟鸣花香，枯藤绕裹，如果运气好的话，还可以看到珍贵的滇金丝猴。丛林的密叶深处有两个森林温泉，一处为风露池，另一处为云碧泉。温泉清澈透底，温泉水温为42℃，水质极佳。

樱花谷温泉

另有一处神奇的温泉叫做摆罗塘，清晨时温泉呈现乳白的颜色，犹如牛乳；在阳光的照射下，温泉开始变得透明，到了下午，它又开始变绿变蓝，有时还会变成紫色、粉色或其他颜色。据说颜色因气候、季节的变化而变幻，很有神秘的色彩。

有温泉，有瀑布，还有溪流。大大小小的瀑布转瞬间就会突然出现在眼前，清冽的山泉水自上而下砸在岩石上，片片飞散，飞花与水一起下来，汇进塘中，清澈见底。阳光穿过树荫透出点点斑驳照在天然的水塘上，热气升起来，形成一层层忽隐忽现的薄雾，站在当中宛若置身于仙境。

第六节　古代诗词里的“冬”

逢雪宿芙蓉山主人

刘长卿

日暮苍山远，天寒白屋贫。

柴门闻犬吠，风雪夜归人。

知识小链接

刘长卿

刘长卿（约726—约786）字文房。宣城（今属安徽）人，郡望河间（今属河北）。唐代著名诗人，擅五律，工五言。官至监察御史。与诗仙李白交厚，有《唐刘随州诗集》传世，其诗五卷入《全唐诗》。

【注解】

芙蓉山：地名。

苍山：青山。

白屋：贫家的住所。房顶用白茅覆盖，或木材不加油漆叫白屋。

犬吠：狗叫。夜归：夜晚归来。

【赏析】

这首诗描绘的是一幅风雪夜归图。前两句，写诗人投宿山村时的所见所感；后两句，写诗人投宿主人家以后的情景。描画出一幅以旅客暮夜投宿，山家风雪人归为素材的寒山夜宿图。

白雪歌送武判官归京

岑参

北风卷地白草折，胡天八月即飞雪。
忽如一夜春风来，千树万树梨花开。
散入珠帘湿罗幕，狐裘不暖锦衾薄。
将军角弓不得控，都护铁衣冷难着。
瀚海阑干百丈冰，愁云惨淡万里凝。
中军置酒饮归客，胡琴琵琶与羌笛。
纷纷暮雪下辕门，风掣红旗冻不翻。
轮台东门送君去，去时雪满天山路。
山回路转不见君，雪上空留马行处。

基本小知识

岑参

岑参（715—770）唐代诗人，原籍南阳（今属河南新野），迁居江陵（今属湖北）。荆州江陵（湖北江陵）人，去世之时五十六岁，是唐代著名的边塞诗人。其诗歌富有浪漫主义的特色，气势雄伟，想象丰富，色彩瑰丽，热情奔放，尤其擅长七言歌行。

【注解】

白草：一种干熟后变白色的草。

胡天：西北边塞。

罗幕：丝织品的幕。

狐裘（qiú）：用狐皮做成的袍子。

锦衾（qīn）：织锦做的被子。

角弓：两端用兽角装饰的弓。控：拉开，指开弓。

都护：边塞最高长官，负责地方的军事与行政。铁衣：铁甲。

着（zhuó）：穿。

瀚（hàn）海：大沙漠。阑干：纵横交错。

惨淡：阴暗无光的意思。

中军：古代军队分左、中、右三军，中军为主帅统领的军队。这里借指主帅的营幕。饮归客：请回京的人喝酒。

羌（qiāng）笛：古代羌的一种乐器。

辕门：军营的外门。这里指帅府的外门。

掣（chè）：吹动。

轮台：地名，在今新疆维吾尔自治区中部。君：指武判官。

【赏析】

这是一首咏雪送别诗。前十句从不同角度写雪，突出渲染了西北边疆的北风怒吼、大雪纷飞及寒凝大地，展现出了塞外边陲一幅奇丽壮观、气势壮阔的风雪画图，以极其夸张的笔调、新颖奇特的比喻和饱满的惊奇喜悦之情，赞美了边疆异域的盛景，道出了戍边将士生活的苦寒，同时也借景抒情，讴歌了戍边将士不畏艰辛的可贵精神。后八句写送别，通过对饯别场面内外的描绘，对依依惜别之刻的叙述，又借雪景衬托送别，在送别中又描写雪景，把对战友的真挚之情跟自己离别战友时的怅惘若失很自然地统一在一起，使人玩味不已。

全诗充满着浓郁鲜明的边地生活气息和豪迈乐观的战斗精神，极富艺术感染力。

问刘十九

白居易

绿蚁新醅酒，红泥小火炉。

晚来天欲雪，能饮一杯无？

知识小链接

白居易

白居易（772—846），字乐天，晚年又号香山居士，河南新郑（今郑州新郑）人，我国唐代伟大的现实主义诗人，中国文学史上负有盛名且影响深远的诗人和文学家。他的诗歌题材广泛，形式多样，语言平易通俗，有“诗魔”和“诗王”之称。官至翰林学士、左赞善大夫。有《白氏长庆集》传世，代表诗作有《长恨歌》、《卖炭翁》、《琵琶行》等。白居易故居纪念馆坐落于洛阳市郊。白园（白居易墓）坐落在洛阳城南香山的琵琶峰。

【注解】

绿蚁：酒上浮起的绿色泡沫，糯酒常有之。《南都赋》：“醪敷径寸，浮蚁若萍。”后常以绿蚁称酒。

醅：未滤之酒。

【赏析】

新酿的绿米色酒，醇厚，香浓，小小红泥炉，烧得殷红。天色将黑，大雪欲来，“我”的朋友，能不能否共饮这一杯酒？

绿酒红炉，本是平平常常的东西，但在大雪沉沉欲降的严冬之夜，它们却给人以温暖和慰藉，诗人邀请朋友来对饮的当儿，对方还能从那两样小小的东西体味到友情的温馨。绿酒红炉与白雪，在色彩的对比和映衬方面，又给人以鲜明的美感。这首小诗亲切而饶有情趣。

江雪

柳宗元

千山鸟飞绝，万径人踪灭。

孤舟蓑笠翁，独钓寒江雪。

基本小知识

柳宗元

柳宗元（773—819），字子厚，是我国唐朝著名的文学家、哲学家和思想家，世称“柳河东”。他与唐代的韩愈、宋代的欧阳修、苏洵、苏轼、苏辙、王安石和曾巩，并称“唐宋八大家”。一生留诗文作品达600余篇，其文的成就大于诗。

【注解】

绝：无，没有。人踪：人的踪迹。灭：消失，没有了。

鸟飞绝：天空中一只鸟也没有。

千山：虚指所有的山。

万径：虚指所有的路。

踪：踪迹。人踪灭，没有人的踪影。

孤：孤零零。

舟：小船。

蓑笠（suōlì）：蓑衣，斗笠。

【赏析】

四周的山上没有了飞鸟的踪影，小路上连一丝人的踪迹也没有，只有在江上的一只小船上，有个披着蓑衣、戴着斗笠的老翁，在寒冷的江上独自垂钓。这是柳宗元被贬到永州之后写的诗，借寒江独钓的渔翁，抒发自己孤独郁闷的心情。

第七节　描写冬季的现代散文

雪

鲁　彦

美丽的雪花飞舞起来了。我已经有三年不曾见着它。去年在福建，仿佛比现在更迟一点，也曾见过雪。但那是远处山顶的积雪，可不是飞舞着的雪花。在平原上，它只是偶然地随着雨点洒下来一颗，没有落到地面的时候。它的颜色是灰的，不是白色；它的重量像是雨点，并不会飞舞。一到地面，它立刻融成了水，没有痕迹，也未尝跳跃，也未尝发出窸窣的声音，像江浙一带下雪子时的模样。这样的雪，在四十年来第一次看见它的老年的福建人，诚然能感到特别的意味，谈得津津有味，但在我，却总觉得索然。“福建下过雪”，我可没有这样想过。我喜欢眼前飞舞着的上海的雪花。它才是“雪白”的白色，也才是花一样的美丽。它好像比空气还轻，并不从半空里落下来，而是被空气从地面卷起来的。然而它又像是活的生物，像夏天黄昏时候的成群的蚊蚋，像春天流蜜时期的蜜蜂，它的忙碌的飞翔，或上或下，或快或慢，或粘着人身，或拥入窗隙，仿佛自有它自己的意志和目的。它静默无声。但在它飞舞的时候，我们似乎听见了千百万人马的呼号和脚步声，大海的汹涌的波涛声，森林的狂吼声，有时又似乎听见了情人的窃窃的密语声，礼拜堂的平静的晚祷声，花园里的欢乐的鸟歌声……它所带来的是阴沉与严寒。但在它的飞舞的姿态中，我们看见了慈善的母亲，柔和的情人，活泼的孩子，微笑的花，温暖的太阳，静默的晚霞……它没有气息。但当它扑到我们面上的时候，我们似乎闻到了旷野间鲜洁的空气的气息，山谷中幽雅的兰花的气息，花园里浓郁的玫瑰的气息，清淡的茉莉花的气息……在白天，它做出千百种婀娜的姿态；夜间，它发出银色的光辉，照耀着我们行路的人，又在我们的玻璃窗札札地绘就了各式各样的花卉和树木，斜的，直的，弯的，倒的；还有那河流，那天上的云……

雪 景

现在，美丽的雪花飞舞了。我喜欢，我已经有三年不曾见着它。我的喜欢有如四十年来第一次看见它的老年的福建人。但是，和老年的福建人一样，我回想着过去下雪时候的生活，现在的喜悦就像这钻进窗隙落到我桌上的雪花似的，渐渐融化，而且立刻消失了。

知识小链接

鲁彦

鲁彦（1901—1944），浙江镇海人，原名王燮臣，又名王衡、王鲁彦、返我。现代小说家、翻译家。

鲁彦受“五四”新思潮影响，1920年，参加由李大钊、蔡元培等创办的工读互助团，自上海到北京大学旁听。1923年夏，在《东方杂志》发表处女作《秋夜》。此后陆续有许多小说发表，早期代表作为《柚子》。1927年7月号《小说月报》发表他的小说《黄金》。抗战前夕出版重要作品长篇小说《野火》。为重要的乡土写实派作家。

记得某年在北京的一个朋友的寓所里，围着火炉，煮着全中国最好的白菜和面，喝着酒，剥着花生，谈笑得几乎忘记了身在异乡；吃得满面通红，两个人一路唱着，一路踏着吱吱地叫着的雪，踉跄地从东长安街的起头踱到西长安街的尽头，又忘记了正是异乡最寒冷的时候。这样的生活，和今天的一比，不禁使我感到惘然。上海的朋友们都像是工厂里的机器，忙碌得一刻没有休息；而在下雪的今天，他们又叫我一个人看守着永不会有人或电话来访问的房子。这是多么孤单，寂寞，乏味的生活。

“没有意思！”我听见过去的我对今天的我这样说了。正像我在福建的时候，对四十年来第一次看见雪的老年的福建人所说的一样。

但是，另一个我出现了。他是足以对着过去的北京的我射出骄傲的眼光来的我。这个我，某年在南京下雪的时候，曾经有过更快活的生活：雪落得很厚，盖住了一切的田野和道路。我和我的爱人在一片荒野中走着。我们辨别不出路径来，也并没有终止的目的。我们只让我们的脚欢喜怎样就怎样。我们的脚常常欢喜踏在最深的沟里。我们未尝感到这是旷野，这是下雪的时节。我们仿佛是在花园里，路是平坦的，而且是柔软的。我们未尝觉得一点寒冷，因为我们的心是热的。

“没有意思！”我听见在南京的我对在北京的我这样说了。正像在北京的我对着今天的我所说的一样，也正像在福建的我对着四十年来第一次看见雪的老年的福建人所说的一样。

然而，我还有一个更可骄傲的我在呢。这个我，是有过更快乐的生活的，在故乡：冬天的早晨，当我从被窝里伸出头来，感觉到特别的寒冷，隔着蚊帐望见天窗特别的阴暗，我就首先知道外面下了雪了。“雪落啦白洋洋，老虎拖娘娘……”这是我躺在被窝里反复地唱着的欢迎雪的歌。别的早晨，照例是母亲和姊姊先起床，等她们煮熟了饭，拿了火炉来，代我烘暖了衣裤鞋袜，才肯钻出被窝，但是在下雪天，我就有了最大的勇气。我不需要火炉，雪就是我的火炉。我把它捻成了团，捧着，丢着。我把它堆成了个和尚，在它的口里，插上一支香烟。我把它当作糖，放在口里。地上的厚的积雪，是我的地毡，我在它上面打着滚，翻着筋斗。它在我的底下发出嗤嗤的笑声，我在它上面哈哈地回答着。我的心是和它合一的。我和它一样的柔和，和它一样的洁白。我同它到处跳跃，我同它到处飞跑着。我站在屋外，我愿意它把我造成一个雪和尚。我躺在地上愿意它像母亲似的在我身上盖下柔软的美丽的被窝。我愿意随着它在空中飞舞。我愿意随着它落在人的肩上。我愿意雪就是我，我就是雪。我年轻。我有勇气。我有最宝贵的生命的力。我不知道忧虑，不知道苦恼和悲哀……

“没有意思！你这老年人！”我听见幼年的我对着过去的那些我这样说了。正如过去的那些我骄傲地对别个所说的一样。

不错，一切的雪天的生活和幼年的雪天的生活一比，过去的和现在的喜悦是像这钻进窗隙落到我桌上的雪花一样，渐渐融化，而且立刻消失了。

然而对着这时穿着一袭破单衣，站在屋角里发抖的或竟至于僵死在雪地上的穷人，则我的幼年时候快乐的雪天生活的意义，又如何呢？这个他对着这个我，不也在说着“没有意思！”的话吗？

而这个死有完肤的他，对着这时正在零度以下的长城下，捧着冻结了的机关枪，即将被炮弹打成雪片似的兵士，则其意义又将怎样呢？“没有意思！”这句话，该是谁说呢？

天呵，我不能再想了。人间的欢乐无平衡，人间的苦恼亦无边限。世界无终极之点，人类亦无末日之时。我既生为今日的我，为什么要追求或留恋今日的我以外的我呢？今日的我虽说是寂寞地孤单地看守着永没有人或电话来访问的房子，但既可以安逸地躲在房子里烤着火，避免风雪的寒冷；又可以隔着玻璃，诗人一般地静默地鉴赏着雪花飞舞的美的世界，不也是足以自满的吗？

抓住现实。只有现实是最宝贵的。

眼前雪花飞舞着的世界，就是最现实的现实。

看呵！美丽的雪花飞舞着呢。这就是我三年来相思着而不能见到的雪花。

雪花是冬天最美丽的标签，雪花的珍贵在于一年里只能见到几次，然而就是这样的惊鸿一瞥，让人们永远忘不了。作者由福建的雪想到南京的雪，北京的雪，每次的体验都是不同的，然而不同的体验说明了雪确实能带来不一样的感受。可见，不一样的雪，也能创造出不一样的冬天。

济南的冬天

老　舍

对于一个在北平住惯的人，像我，冬天要是不刮风，便觉得是奇迹；济南的冬天是没有风声的。对于一个刚由伦敦回来的人，像我，冬天要能看得见日光，便觉得是怪事；济南的冬天是响晴的。自然，在热带的地方，日光是永远那么毒，响亮的天气，反有点叫人害怕。可是，在北中国的冬天，而能有温晴的天气，济南真得算个宝地。

基本小知识

老舍

老舍（1899—1966），本名舒庆春，字舍予，北京满族正红旗人，原姓舒舒觉罗氏，中国现代著名小说家、文学家、戏剧家。“文革”期间受到迫害，1966 年 8 月 24 日深夜，老舍含冤自沉于北京西北的太平湖畔，终年 67 岁。

设若单单是有阳光，那也算不了出奇。请闭上眼睛想：一个老城，有山有水，全在天底下晒着阳光，暖和安适地睡着，只等春风来把它们唤醒，这是不是个理想的境界？小山整把济南围了个圈儿，只有北边缺着点口儿。这一圈小山在冬天特别可爱，好像是把济南放在一个小摇篮里，它们安静

济南冬天一角

不动地低声地说："你们放心吧，这儿准保暖和。"真的，济南的人们在冬天是面上含笑的。他们一看那些小山，心中便觉得有了着落，有了依靠。他们由天上看到山上，便不知不觉地想起："明天也许就是春天了吧？这样的温暖，今天夜里山草也许就绿起来了吧？"就是这点幻想不能一时实现，他们也并不着急，因为有这样慈善的冬天，干啥还希望别的呢！

最妙的是下点小雪呀。看吧，山上的矮松越发的青黑，树尖上顶着一髻儿白花，好像日本看护妇。山尖全白了，给蓝天镶上一道银边。山坡上，有的地方雪厚点，有的地方草色还露着；这样，一道儿白，一道儿暗黄，给山们穿上一件带水纹的花衣；看着看着，这件花衣好像被风儿吹动，叫你希望看见一点更美的山的肌肤。等到快日落的时候，微黄的阳光斜射在山腰上，那点薄雪好像忽然害了羞，微微露出点粉色。就是下小雪吧，济南是受不住大雪的，那些小山太秀气！

古老的济南，城里那么狭窄，城外又那么宽敞，山坡上卧着些小村庄，小村庄的房顶上卧着点雪，对，这是张小水墨画，也许是唐代的名手画的吧。

那水呢，不但不结冰，倒反在绿萍上冒着点热气，水藻真绿，把终年贮蓄的绿色全拿出来了。天儿越晴，水藻越绿，就凭这些绿的精神，水也不忍得冻上，况且那些长枝的垂柳还要在水里照个影儿呢！看吧，由澄清的河水慢慢往上看吧，空中，半空中，天上，自上而下全是那么清亮，那么蓝汪汪的，整个的是块空灵的蓝水晶。这块水晶里，包着红屋顶，黄草山，像地毯上的小团花的灰色树影；这就是冬天的济南。

文章的篇名是"济南的冬天"，而文章的结尾是"冬天的济南"。那么作者到底是写冬天，还是写济南呢？其实，作者既是写冬天，也是写济南。因为一个地方一个气候，济南和冬天加在一起就成为一道独特的风景。当你回想起冬天，你也想起了你的家乡。

阳关雪

余秋雨

中国古代，一为文人，便无足观。文官之显赫，在官而不在文，他们作为文人的一面，在官场也是无足观的。但是事情又很怪异，当峨冠博带早已零落成泥之后，一杆竹管笔偶尔涂画的诗文，竟能镌刻山河，雕镂人心，永不漫漶。

我曾有缘，在黄昏的江船上仰望过白帝城，顶着浓冽的秋霜登临过黄鹤楼，还在一个冬夜摸到了寒山寺。我的周围，人头济济，差不多绝大多数人的心头，都回荡着那几首不必引述的诗。人们来寻景，更来寻诗。这些诗，他们在孩提时代就能背诵。孩子们的想象，诚恳而逼真。因此，这些城，这些楼，这些寺，早在心头自行搭建。待到年长，当他们刚刚意识到有足够脚力的时候，也就给自己负上了一笔沉重的宿债，焦渴地企盼着对诗境实地的踏访。为童年，为历史，为许多无法言传的原因。有时候，这种焦渴，简直就像对失落的故乡的寻找，对离散的亲人的查访。

黄鹤楼

文人的魔力，竟能把偌大一个世界的生僻角落，变成人人心中的故乡。他们褪色的青衫里，究竟藏着什么法术呢？

今天，我冲着王维的那首《渭城曲》，去寻阳关了。出发前曾在下榻的县城向老者打听，回答是："路又远，也没什么好看的，倒是有一些文人辛辛苦苦找去。"

老者抬头看天，又说："这雪一时下不停，别去受这个苦了。"我向他鞠了一躬，转身钻进雪里。

知识小链接

余秋雨

余秋雨，当代中国文化史学者，散文家，我国当代著名艺术理论家，国务院新闻办中国网专栏作家、专家，"2006第一届中国作家富豪榜"首富。著有系列散文集《文化苦旅》、《山居笔记》、《霜冷长河》、《千年一叹》、《行者无疆》、《摩挲大地》、《寻觅中华》等，文化通史《问学余秋雨》，长篇记忆文学《借我一生》、《我等不到了》等，学术专著《戏剧理论史稿》、《戏剧审美心理学》、《中国戏剧文化史述》、《艺术创造工程》、《中国戏剧史》、《艺术创造论》、《观众心理学》等。

一走出小小的县城，便是沙漠。除了茫茫一片雪白，什么也没有，连一个皱折也找不到。在别地赶路，总要每一段为自己找一个目标，盯着一棵树，赶过去，然后再盯着一块石头，赶过去。在这里，睁疼了眼也看不见一个目标，哪怕是一片枯叶，一个黑点。于是，只好抬起头来看天。从未见过这样完整的天，一点儿也没有被吞食，边沿全是挺展展的，紧扎扎地把大地罩了个严实。有这样的地，天才叫天。有这样的天，地才叫地。在这样的天地中独个儿行走，侏儒也变成了巨人。在这样的天地中独个儿行走，巨人也变成了侏儒。

天竟晴了，风也停了，阳光很好。没想到沙漠中的雪化得这样快，才片刻，地上已见斑斑沙底，却不见湿痕。天边渐渐飘出几缕烟迹，并

沙漠中的雪

不动，却在加深，疑惑半晌，才发现，那是刚刚化雪的山脊。地上的凹凸已成了一种令人惊骇的铺陈，只可能有一种理解：那全是远年的坟堆。

这里离县城已经很远，不大会成为城里人的丧葬之地。这些坟堆被风雪所蚀，因年岁而坍，枯瘦萧条，显然从未有人祭扫。它们为什么会有那么多，排列得又是那么密呢？只可能有一种理解：这里是古战场。

我在望不到边际的坟堆中茫然前行，心中浮现出艾略特的《荒原》。这里正是中华历史的荒原：如雨的马蹄，如雷的呐喊，如注的热血。中原慈母的白发，江南春闺的遥望，湖湘稚儿的夜哭。故乡柳荫下的诀别，将军圆睁的怒目，猎猎于朔风中的军旗。随着一阵烟尘，又一阵烟尘，都飘散远去。我相信，死者临亡时都是面向朔北敌阵的；我相信，他们又很想在最后一刻回过头来，给熟悉的土地投注一个目光。于是，他们扭曲地倒下了，化作沙堆一座。

这繁星般的沙堆，不知有没有换来史官们的半行墨迹？史官们把卷帙一片片翻过，于是，这块土地也有了一层层的沉埋。堆积如山的二十五史，写在这个荒原上的篇页还算是比较光彩的，因为这儿毕竟是历代王国的边远地带，长久担负着保卫华夏疆域的使命。所以，这些沙堆还站立得较为自在，这些篇页也还能哗哗作响。

就像雪寒单调的土地一样，出现在西北边陲的历史命题也比较单纯。在中原内地就不同了，山重水复、花草掩荫，岁月的迷宫会让最清醒的头脑胀得发昏，晨钟暮鼓的音响总是那样的诡秘和乖戾。那儿，没有这么大大咧咧铺张开的沙堆，一切都在重重美景中发闷，无数不知为何而死的怨魂，只能悲愤懊丧地深潜地底。不像这儿，能够袒露出一帙风干的青史，让我用 20 世纪的脚步去匆匆抚摩。

远处已有树影。急步赶去，树下有水流，沙地也有了高低坡斜。登上一个坡，猛一抬头，看见不远的山峰上有荒落的土墩一座，我凭直觉确信，这便是阳关了。

树愈来愈多，开始有房舍出现。这是对的，重要关隘所在，屯扎兵马之地，不能没有这一些。转几个弯，再直上一道沙坡，爬到土墩底下，四处寻找，近旁正有一碑，上刻“阳关古址”四字。

西北一景

这是一个俯瞰四野的制高点。西北风浩荡万里，直扑而来，踉跄几步，方才站住。脚是站住了，却分明听到自己牙齿打战的声音，鼻子一定是立即冻红了的。呵一口热气到手掌，捂住双耳用力蹦跳几下，才定下心来睁眼。这儿的雪没有化，当然不会化。所谓古址，已经没有什么故迹，只有近处的烽火台还在，这就是刚才在下面看到的土墩。土墩已坍了大半，可以看见一层层泥沙，一层层苇草，苇草飘扬出来，在千年之后的寒风中抖动。眼下是西北的群山，都积着雪，层层叠叠，直伸天际。任何站立在这儿的人，都会感觉到自己是站在大海边的礁石上，那些山，全是冰海冻浪。

王维实在是温厚到了极点。对于这么一个阳关，他的笔底仍然不露凌厉惊骇之色，而只是缠绵淡雅地写道："劝君更尽一杯酒，西出阳关无故人。"他瞟了一眼渭城客舍窗外青青的柳色，看了看友人已打点好的行囊，微笑着举起了酒壶。再来一杯吧，阳关之外，就找不到可以这样对饮畅谈的老朋友了。这杯酒，友人一定是毫不推却，一饮而尽的。

这便是唐人风范。他们多半不会洒泪悲叹，执袂劝阻。他们的目光放得很远，他们的人生道路铺展得很广。告别是经常的，步履是放达的。这种风范，在李白、高适、岑参那里，焕发得越加豪迈。在南北各地的古代造像中，唐人造像一看便可识认，形体那么健美，目光那么平静，神采那么自信。在欧洲看蒙娜丽莎的微笑，你立即就能感受，这种恬然的自信只属于那些真正从中世纪的梦魇中苏醒、对前路挺有把握的艺术家们。唐人造像中的微笑，只会更沉着、更安详。在欧洲，这些艺术家们翻天覆地地闹腾了好一阵子，固执地要把微笑输送进历史的魂魄。谁都能计算，他们的事情发生在唐代之后多少年。而唐代，却没有把它的属于艺术家的自信延续久远。阳关的风雪，竟越见凄迷。

王维诗画皆称一绝，莱辛等西方哲人反复论述过的诗与画的界线，在他是可以随脚出入的。但是，长安的宫殿，只为艺术家们开了一个狭小的边门，允许他们以卑怯侍从的身份躬身而入，去制造一点娱乐。历史老人凛然肃然，扭过头去，颤巍巍地重又迈向三皇五帝的宗谱。这里，不需要艺术闹出太大的局面，不需要对美有太深的寄托。

于是，九州的画风随之黯然。阳关，再也难于享用温醇的诗句。西出阳关的文人还是有的，只是大多成了嫡官逐臣。即便是土墩、是石城，也受不住这么多叹息的吹拂，阳关坍弛了，坍弛在一个民族的精神疆域中。它终成废墟，终成荒原。身后，沙坟如潮，身前，寒峰如浪。

谁也不能想象，这儿，一千多年之前，曾经验证过人生的壮美，艺术情怀的弘广。

这儿应该有几声胡笳和羌笛的，音色极美，与自然浑和，夺人心魄。可惜它们后来都成了兵士们心头的哀音。既然一个民族都不忍听闻，它们也就消失在朔风之中。

回去罢，时间已经不早。怕还要下雪。

历史上有很多文人写过雪，因而雪被赋予了各种文化内涵。阳关，位于今甘肃省敦煌市西南约50千米处的南湖乡，因在玉门关以南，故曰阳关。这里万里扬沙，下起雪来别有一番风味。作者在这样一场雪中，思考着体会着历代文人名士和悠久的历史，正是自然与人文的完美契合。

附录　四季里的民间谚语

一、春

☆一年之计在于春。

这句话是说这一年有没有好收成，全看春天有没有好天气，农人有没有在春天将农田管理好。

☆春响雷，冷十日。

这句谚语指出春天打响雷，说明天气要持续冷一阵子。

☆春风百日化成雨。

这句话是说春天起风后不久就会下春雨。

☆春雾出现在节令上主旱。

如果节气时常有雾，那么会出现大旱。

☆立春下雪，雨水要缺。

如果立春下雪，那么春天就不怎么下雨了。

☆惊蛰吹大风，冷在五月中。

惊蛰节气起大风，那么五月会气温下降。

☆谷雨下雨主雨，刮大风主旱。

谷雨节气如果下雨说明雨水会很充足，如果刮大风，那么会缺水。

☆正月二十不见星，要等下雨到清明。

正月二十还看不见星星，那么直到清明才会有雨。

☆立春落雨至清明。

立春日若下雨，直到清明前都会多雨。

☆春天后母面。

入春以后，气候会像后母的脸色——阴晴冷暖无常。

☆立春赶春气。

立春之后万象回春，稻田、池塘等水面开始蒸发，明示世人春天已降临。

☆初一落雨初二散，初三落雨到月半。

初一如下雨，初二则会放晴，初三若下雨则会落到十五。难估计。

☆雨浇上元灯，日晒清明日。

上元日下雨，清明定放晴。

☆早春晚播田。

立春日如在上年十二月内谓之早春，若播种莫过早也不过迟，按季节行事。

☆二月二打雷，稻米较重捶。

表示节气无误，风调雨顺，稻丰收，米价便宜。当天，如果春雷作响，这一年收成很好。

☆春分种芍药，到老不开花。

芍药当在秋天分根移植，若春天分种，则到老也不会开花。

☆春分有雨病人稀。

春分日若下雨，则病人少。

☆三月初，寒死少年家。

少年爱美，才春天便急急穿单衣，常被突如其来的寒冷冻坏。所以要“春捂”。

☆天寒，春不寒；春雨，春不雨。

如果立春那一天天气寒冷，那么整个春季的气候就不会再冷下去；如果立春那一天下雨，那么春季的雨量就会少。

二、夏

☆有雨山戴帽，无雨云拦腰。

如果山顶有云，那么会下雨；如果云在山腰，那么不会下雨。

云盖住山顶，叫“山戴帽”。云层挡住山腰，可见山顶，叫“云拦腰”。当阴雨天气来临时，云层比较低，云底盖住山顶。云层越厚，云罩山越低，表明空气中的水汽越多，这就越容易形成雨天。但是，如果山戴帽了，云层不增厚；或者在雨后出现的云抬高的“山戴帽”，就不是有雨的预兆。所以有“有雨山戴帽，快晴帽抬高”的说法。拦腰的云，一般都是由于夜间冷却生成的地方性云。云层不厚，当太阳升高后，云也就消散了，所以“云拦腰”未来是晴天。

☆乌头风，白头雨。

云顶如果是乌色的，就会起风；云顶是白色，就会下雨。

“乌头”与“白头”是指两种云的云顶颜色来说的。“乌头”是浓积云的一种，“白头”是积雨云的一种。这两种云常在夏天出现。“乌头”云，云底平，顶部隆起，主要是由水滴组成，云中小水滴吸收和散射了部分太阳光，使云底和云顶显得浓黑。“白头”云顶部凸起，由于空气对流旺盛，垂直发展很快，云越来越伸高，云顶扩散，发展非常旺盛，不久就占据了大部分天空，云顶是冰晶结构，所以呈白色。

这两种云比较，“乌头”云不如“白头”云发展旺盛，因此一般下雨不大或不下雨，只刮一阵风，所以叫“乌头风”。但如果“乌头”云发展旺盛，逐渐变成“白头”云，便造成较强烈的雷雨，所以叫“白头雨”。

☆早虹雨，晚虹晴。

如果早上出现彩虹，那么会下雨；如果晚上出现彩虹，那么会是晴天。

虹出现的位置，与太阳所在方向相反。上午太阳在东，虹在西边。下午太阳在西边，虹在东。因天气系统运动的规律，是自西向东移动，西边出现虹。表明西边的雷雨区会移来，本地将有雨，东边有虹，表明雨区在东，它会东移出，就不会影响本地。所以也叫“东虹日头，西虹雨”。

☆鱼鳞天，无雨风也颠。

如果云的形状像鱼鳞，那么即使不下雨，风也会比较大。

在蔚蓝色的天空，有时可看到排列整齐而又紧密的白色小云片，好似鱼鳞，在气象学上叫卷积云。卷积云一般出现在5000米以上的高空，形成后只能维持几分钟到一个多小时。出现这种云，表明地上空有低压槽移近。影响地面的天气，一般多靠高空的大气运动。因此卷积云出现，是晴天向阴雨天气移换的时候。“鱼鳞天，无雨风也颠”，就是风雨的预兆，一般一两天内就会有风雨。

☆雷公先唱歌，有雨也不多。

如果先打一阵雷，那么即使有雨，雨也不多。

夏天，烈日当空，地面受到强烈的日光照射，使局部地区的空气受热膨胀变轻，并夹带大量的水汽上升，水汽升到天空变冷便凝结成云。这种云叫做地方性的对流云，它的范围不大，又是移动的。对流发展旺盛，便形成带电的雷雨云。这种云在远处打雷下雨，我们就只能听到雷声。在近处也只下场阵雨，一下子过去，雨过天晴，所以“有雨不多”。也称“未雨先雷，有雨不大”。

☆乌云接落日，不落今日落明日。

傍晚的太阳周围有乌云，那么今天或明天就会有雨。

在春夏季节的傍晚，天空的西边，有像石山耸立的乌云迎接日，日落进云里就看不见了，群众叫“乌云接落日”。这种乌云，是指浓积云或积雨云，这种情况大部是由高低空低气压系统造成的。它的移动规律一般是自西向东的，所以会影响本地。因此它移动速度的快慢不同，大都较慢，要明天才下雨，所以叫“不落今日落明日”。

☆朝起红霞晚落雨，晚起红霞晒死鱼。

早上天空有红霞那么晚上要下雨，如果傍晚天空有红霞那么天气会很晴朗。

☆月亮撑红伞，有大雨。

如果月亮上空是红色，说明要下大雨。

☆燕子低，天将雨。

如果燕子低飞，说明要下雨。

☆日暖夜寒，东海也干。

如果白天热，晚上冷，那么就会很久不下雨。

☆芒种后，好种豆。

芒种过后就要开始种豆了。

☆夏至西北风，菜园一半空。

如果夏至刮西北风，菜园的菜会被吹倒一半。

三、秋

☆中秋前后是白露，宜收棉花和甘薯。

如果中秋节前后是白露这个节气，适宜收获棉花和甘薯。

☆八月十五雁门开，小燕去，大雁来。

八月十五后，天气一天天变冷，燕子去温暖的地方过冬，大雁从更冷的地方飞来过冬。

☆白露白茫茫，无被不上床。

白露节气时天气转冷，睡觉时要盖被子。

☆过了白露节，夜冷白天热。

这句谚语说明了秋天过了白露节气后气温的特点：昼夜温差大。

☆九月九，大夫抄着手。

☆家家吃萝卜，疾病哪会有！

后一句谚语是前一句谚语的原因，九月九，萝卜上市了，民间认为萝卜能治百病，家家吃萝卜就不会得病，大夫只得将手插进口袋——无事可做。

☆八月雷声发，大旱一百八。

这句谚语意思是八月还打雷的话，很可能有旱灾。

☆重阳晴，米粮平。

重阳节如果晴朗，收成一定很好。

☆十月三场雾，黄牛水上浮。

如果十月连连下雾，就说明要发水灾了。

☆八月南风二日半，九月南风当日转。

八月份的起南风可能不会下雨，但是九月份起南风就很有可能下雨。

☆八月冷，九月温，十月还有小阳春。

这句话是提醒人们八月也有冷的时候，九月也有温暖的时候，而十月份也可能有像春天那么暖和的时候。

☆白露下雨，路干即雨。

白露这个节气会下雨。

☆九月阴一冬温，九月晴一冬冰。

如果九月经常阴天，那么冬天就比较温暖；如果九月经常是晴天，那么冬天就比较冷。

☆风风凉凉，晴到重阳。

九月如果凉风习习，那么直到重阳都是晴天。

四、冬

☆立冬不割禾，一夜少一箩。

☆立冬不收姜，一夜少一两。

这两句谚语是说立冬的时候要割麦收获生姜，迟一天收就会损失一些。

☆小雪油菜大雪麦。

这句谚语提醒农人小雪时要注意油菜的农田管理，大雪节气要注意麦田的管理。

☆小寒冷死鸡，大寒猪睡泥。

这句谚语说明小寒大寒天气冷，鸡被冻死，猪为了取暖呆泥里。

☆冬天麦盖三层被，来年枕着馒头睡。

☆冬有三天雪，人道十年丰。

☆今年大雪飘，明年收成好。

这三句谚语都说明一个自然真理，冬天下大雪，来年就会有好收成，主要原因是大雪覆盖保护了麦子的生长，冻死农田害虫。

☆冬天动一动，少闹一场病；冬天懒一懒，多喝药一碗。

这句谚语道出了冬天保持健康身体的秘诀——要运动。

☆九九歌（北京）

一九二九不出手；三九四九冰上走；

五九六九沿河看柳；七九河开，八九雁来；

九九加一九，耕牛遍地走。

九九歌唱出了冬季天气一天天变化时人们的反应和自然界的变化。一九二九开始冷了，三九四九河上结冰了，五九六九柳树露出新芽，七九八九河上的冰融化了，大雁归来了，九九之后十天左右，就可以开始春耕了。

☆冬天进补，开春打虎。

冬季是藏精的季节，冬天藏精充足，春天可少发病。

☆立冬晴，一冬凌；立冬阴，一冬温。

立冬的时候晴，那么整个冬天就会很寒冷；如果立冬的时候是阴天，那么整个冬天就会比较温暖。

☆立冬青蛙叫，有谷无草。

立冬这天蛙叫，预兆秋收时雨水连绵，谷子可以抢收回来，而稻草难晒干，必定烂掉。

☆立冬雨，牛羊冻死。

立冬这日下雨，预告冬季会寒冷，牲畜冻死。

☆冬无三日雨。

冬天少雨，不会有雨水连绵的现象。

☆冬茫霜。

冬天出现茫雾，预告冰雪将来临。

☆冬寒断滴。

冬天若寒冷，必定无雨。

☆十二南风天下报。

十二月刮南风，天气转暖，预兆雨水将降临。

☆大寒无风水也寒。

大寒是冬季最寒冷的最后一个节气，虽然平静无风，河塘水也冰冷。